· 四川大学精品立项教材 ·

U0163564

实用口腔器械图谱教程

主编　刘帆　蒋琰

四川大学出版社
SICHUAN UNIVERSITY PRESS

图书在版编目（CIP）数据

实用口腔器械图谱教程 / 刘帆，蒋琰主编 . — 成都：
四川大学出版社，2022.8（2024.7 重印）
四川大学精品立项教材
ISBN 978-7-5690-5644-0

Ⅰ . ①实… Ⅱ . ①刘… ②蒋… Ⅲ . ①牙科器械—图
谱—高等学校—教材 Ⅳ . ① TH787-64

中国版本图书馆 CIP 数据核字（2022）第 153760 号

书　　名：实用口腔器械图谱教程
　　　　　Shiyong Kouqiang Qixie Tupu Jiaocheng
主　　编：刘　帆　蒋　琰
丛 书 名：四川大学精品立项教材

选题策划：周　艳
责任编辑：周　艳
责任校对：肖忠琴
装帧设计：墨创文化
责任印制：王　炜

出版发行：四川大学出版社有限责任公司
　　　　　地址：成都市一环路南一段 24 号（610065）
　　　　　电话：（028）85408311（发行部）、85400276（总编室）
　　　　　电子邮箱：scupress@vip.163.com
　　　　　网址：https://press.scu.edu.cn
印前制作：四川胜翔数码印务设计有限公司
印刷装订：成都市新都华兴印务有限公司

成品尺寸：185 mm×260 mm
印　　张：19
字　　数：459 千字

版　　次：2022 年 9 月 第 1 版
印　　次：2024 年 7 月 第 2 次印刷
定　　价：128.00 元

本社图书如有印装质量问题，请联系发行部调换

四川大学出版社
微信公众号

编委会

前　言

随着口腔医学的飞速发展，口腔专科器械、设备的种类越来越多，各类精密仪器设备也随之增加，但各类器械、设备的结构、功能、四手操作中的应用、维护保养、危险度分级、消毒灭菌要求以及用途、操作流程、常见故障原因及处理等各有不同，若操作应用和维护保养不当，有损坏器械、造成锐器伤、引发交叉感染等风险。因此，口腔医学生和临床医护人员，充分了解和掌握各类口腔实用器械、设备十分重要。

目前，在口腔医学教育体系中，尚无系统、全面且适合各层次口腔医学生的器械、设备图谱教材，因此，撰写一部系统、全面，兼具临床实战技巧的器械、设备图谱教材非常有必要。医学生可在学校学习期间，通过本书系统学习，正确认识和掌握口腔器械、设备结构、性能、使用及维护方法；临床医护人员也可通过学习，规范临床操作，减少因口腔器械、设备使用不当造成的医院感染和器械、设备损坏，从而保障医疗安全，提高工作效率。基于此，我们组织既有教学经验又有临床技能的口腔医疗、护理、设备专家团队编写了本书。本书内容详尽，便于各层次口腔医学生和临床医护人员学习和把握，主要有如下特点。

1. **内容丰富，涵盖面广**　本书对口腔常用器械和设备进行了详细介绍，涵盖口腔内科、口腔外科、修复科、正畸科、颌面外科、消毒供应室等十余个科室的，便于学生系统把握各类器械、设备，根据自身情况学习相应专业内容。鉴于近年来数字化技术对口腔医学的重大推进作用及基于保障医疗安全的考虑，本书也对数字化设备和急救器械进行了详细介绍。

2. **图文并茂，结构清晰**　对各类器械、设备进行了文字介绍，并配以相关图示，直观地展示了各类器械、设备的结构，便于学生记忆、理解和提高实际操作技能。

3. **由浅入深，逻辑性强**　本书从基础器械、设备开始，帮助学生在接触更多复杂器械、设备之前，先掌握基础器械、设备知识，再过渡到各科室器械、设备，兼顾内容的实用性，以提高学生学习的兴趣和效率。

4. **以人为本，人文关怀**　本书展现了人文关怀在口腔医学临床诊疗中的应用，引导学生建立爱伤观、关心关爱患者。

5. **理论与临床实践紧密结合**　以科学性、实用性为导向，本书结合行业发展现状及趋势，对口腔器械、设备的性能、使用、维护保养及注意事项等进行详细描述，图文并茂地展示其在四手操作中的应用，理论与实践并重，以便学生学以致用。

本书在编写过程中得到了四川大学，特别是四川大学华西口腔医院等单位的大力支持，在此致以诚挚的谢意！感谢各位编委的辛勤付出！感谢所有对本书的撰写和出版给予帮助、指导的朋友！

由于编者水平有限，书中难免有不足与疏漏之处，恳请各院校同道和读者批评指正，以臻完善。

刘 帆 蒋 琰

2022年4月

目　录

第一章　口腔常用器械

第一节 口腔基础器械

一、口镜

【结构】

1. 口镜（图1-1-1）多为金属或塑料材质，由手柄及口镜头组成。金属口镜的手柄及口镜头可用螺丝、螺母连接，以便更换口镜头。

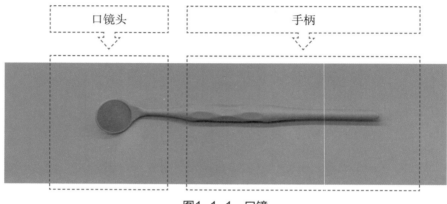

图1-1-1 口镜

2. 口镜头常用的尺寸有2号（直径约1.59cm）、3号（直径约2.22cm）、5号（直径约2.38cm），2号和3号适用于儿童，5号适用于成人。

3. 常用口镜有四种：前表面口镜、平面口镜、凹面口镜和双面口镜（图1-1-2、图1-1-3）。

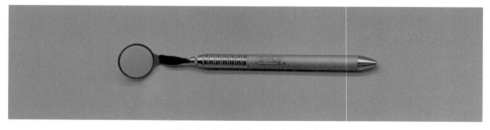

图1-1-2 双面口镜（正面）

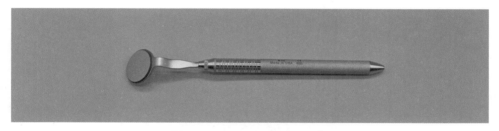

图1-1-3　双面口镜（反面）

【功能】

1. 间接照明：口镜将光线集中反射到口内黑暗区域的牙齿表面，或将冷光手术灯光线反射通过前牙进行透照（图1-1-4）。

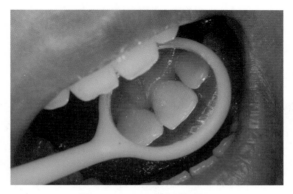

图1-1-4　口镜间接照明

2. 获得间接视野：观察不能直视的牙齿表面或者口内结构。

3. 软组织牵拉：使用口镜头牵拉病人的颊部、黏膜和舌头（图1-1-5）。

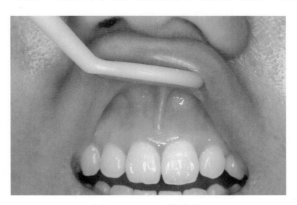

图1-1-5　口镜牵拉

4. 叩诊：口镜手柄可以用于叩诊。

5. 放大影像：凹面口镜可放大影像，必要时可选用显微口镜。

【四手操作中的应用】

1. 握持（图1-1-6）。

图1-1-6　口镜的握持手法

（1）常用握笔法。

（2）主要握持口镜的手指是拇指、示指和中指，无名指和小指做支点。

2．传递（图1-1-7）。

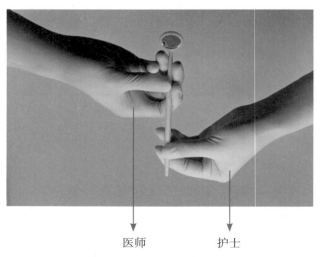

医师　　　　护士

图1-1-7　口镜的传递手法

（1）护士以左手握持手柄近非工作端的1/3处准备传递。

（2）医师以拇指和示指握住手柄近工作端的1/3处，中指置于口镜下面作为支持准备操作。

【维护保养】

1．保持镜面平整，表面光洁，无锋棱、毛刺、裂纹。

2．口镜头和手柄拆卸和安装时，勿任意改变口镜头与手柄相交的角度。

3．口镜消毒时，拆卸口镜头和手柄进行消毒。

【注意事项】

1．使用口镜时避免撞击病人牙齿，口镜边缘勿压迫牙龈，避免病人疼痛或不适。

2．口镜镜面避免磨损，镜面模糊时要及时更换口镜头，以免影响使用效果。

3．镜面有划痕、污浊时，应及时更换。

【器械危险度分级】

中度危险口腔器械，应达到灭菌或高水平消毒水平。

二、探针

【结构】

1．探针（图1-1-8、图1-1-9）多为金属材质，整体由手柄和一侧或双侧尖锐工作端组成。

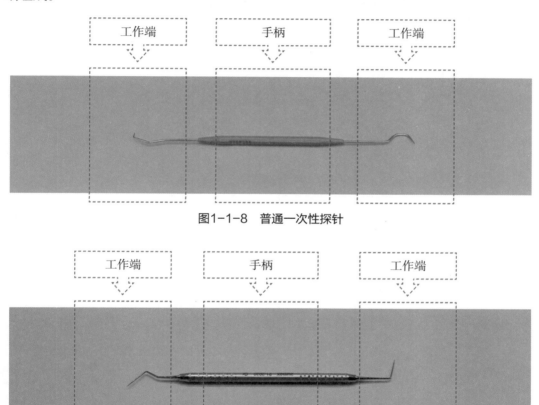

图1-1-8 普通一次性探针

图1-1-9 根管口探针

2．可双头弯曲，一端呈半圆形，一端呈双曲线，也可单头弯曲（图1-1-8）。

【功能】

1．检查：右手执探针，检查牙体不同部位，牙冠各面的窝沟、龋洞（图1-1-10）；检查患牙，感觉或发现敏感部位；检查皮肤或黏膜的感觉功能。

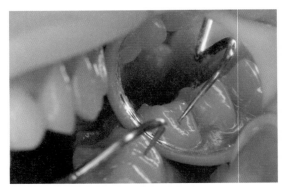

图1-1-10　探针检查龋洞

2．导向：给龈沟、牙周袋、盲袋窦道内上药。

3．探诊：粗略探测牙周软硬组织（图1-1-11）。

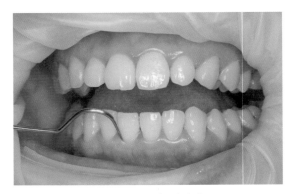

图1-1-11　探诊出血

4．探测：细长、坚韧的探针可用于探测根管口。

5．定点：手术时为切口定点。

【四手操作中的应用】

1．握持（图1-1-12）。

图1-1-12　根管口探针的握持手法

（1）常用握笔法。

（2）主要握持探针的是拇指、示指和中指，无名指和小指作为支点。

2．传递（图1-1-13）。

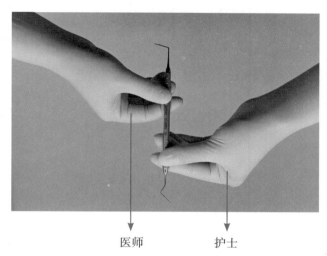

医师　　　护士

图1-1-13　探针的传递手法

（1）护士以左手握持探针手柄近非工作端的1/3处，工作端指向治疗牙位，准备传递。

（2）医师以拇指和示指握住探针手柄近工作端的1/3处，中指在器械下面支撑，准备操作。

（3）护士根据治疗的方式和器械的使用特点选择好工作端的指向进行传递。

【维护保养】

1．勿使用变形或破损的探针。

2．探针为损伤性器械，应注意探针尖端保护。

【注意事项】

1．使用过程中不能加热烧灼，避免尖端变钝。

2．工作端紧贴牙面检查，并在探诊过程中寻求支点平稳，避免尖端刺伤病人或发生职业损伤。

3．传递前需检查器械的完整性，禁止在病人面部上方进行传递，传递过程中要稳准且靠近病人的口腔。

4．普通一次性探针使用后直接丢弃在锐器盒内。

【器械危险度分级】

高度危险口腔器械，应达到灭菌水平。

三、牙用镊

【结构】

1．牙用镊（图1-1-14）多由金属制成，分为工作端和镊柄。

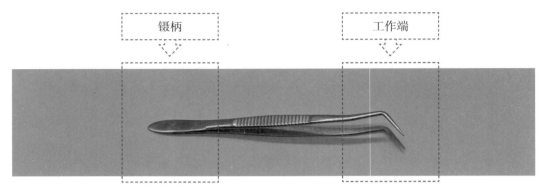

图1-1-14　牙用镊

2．常用的牙用镊有平镊、组织镊。

3．常见的工作端：平镊尖端无齿纹，呈反角形；组织镊尖端有齿纹，尖端闭合严密，利于夹取。

【功能】

1．检测牙齿：夹住牙齿测定其松动度；镊柄可用于叩诊检查，通过垂直叩诊和平行叩诊可确认患牙疼痛的阴性或阳性（图1-1-15）。

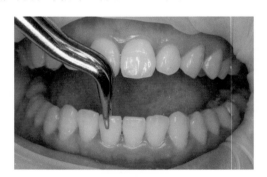

图1-1-15　牙用镊检查牙齿松动度

2．夹取：可用于夹除异物或腐败组织，夹取敷料、药物、小器械等物品进行传递。

【四手操作中的应用】

1．握持（图1-1-16）。

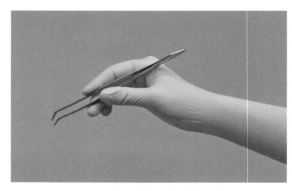

图1-1-16　牙用镊的握持手法

（1）常用握笔法。

（2）右手拇指、示指和中指握持牙用镊，无名指和小指作为支点。

2. 传递（图1-1-17）。

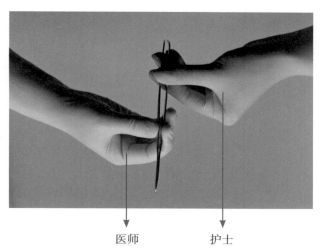

医师　　　　护士

图1-1-17　牙用镊的传递手法

（1）护士以左手握持牙用镊工作端的1/3处，工作端指向治疗牙位，准备传递。

（2）医师以拇指和示指握住牙用镊工作端的2/3处，中指在牙用镊下面支撑，准备操作。

【维护保养】

1. 保持器械表面干燥清洁。

2. 保持工作端的完整性，远离火、腐蚀及油性物体。

3. 勿损伤牙用镊工作端，避免破坏牙用镊闭合性，使用后应放置于多酶溶液中预处理。

【注意事项】

1. 使用过程中，工作端不可加热烧灼。

2. 工作端闭合不严密时要及时更换。

【器械危险度分级】

中度危险口腔器械，应达到灭菌或高水平消毒水平。

四、高速牙科手机

【结构】

1. 高速牙科手机（图1-1-18至图1-1-20）主要由不锈钢或钛合金制成，分为机头、手柄和接头。

机头　　　　　　　手柄　　　　　　　接头

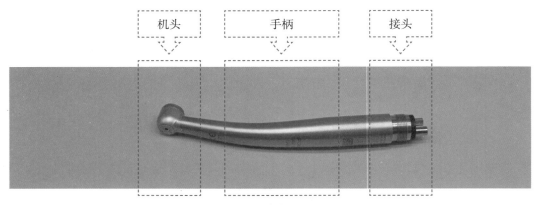

图1-1-18　固定接口高速牙科手机

机头　　　　　　　手柄　　　　　　　接头

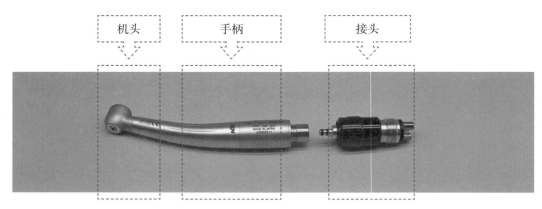

图1-1-19　快速接口高速牙科手机

机头　　　　　　　手柄　　　　　　　接头

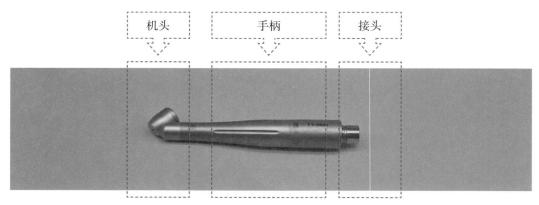

图1-1-20　45°特殊角度高速牙科手机

2. 高速牙科手机按照接口类型可分为固定接口高速牙科手机和快速接口高速牙科手机，按照机头角度可分为90°普通角度高速牙科手机和45°特殊角度高速牙科手机。

【功能】

夹持牙科车针：与口腔综合治疗台配套使用，对牙体进行钻、压、切、削，对修复体、矫治器进行修整等。

【四手操作中的应用】

1．握持（图1-1-21）。

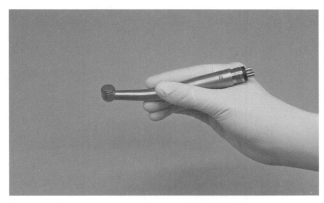

图1-1-21　高速牙科手机的握持手法

（1）常用握笔法。

（2）拇指、示指和中指握住高速牙科手机手柄，无名指和小指作为支点。

2．使用。

（1）护士将高速牙科手机连接于口腔综合治疗台连接软管上，固定接口高速牙科手机可直接连接，快速接口高速牙科手机需先连接专用接头，再插上高速牙科手机。

（2）安装车针，检查高速牙科手机运转是否正常，再传递给医师，备用。

（3）使用后预处理：护士在带车针情况下使用口腔综合治疗台水、气系统冲洗高速牙科手机内部水路、气路，将高速牙科手机从连接软管上取下，然后取下车针，去除表面污染物。

【维护保养】

1．保持高速牙科手机清洁干燥，轴承和三瓣簧润滑。

2．避免碰撞造成内外部件破损或变形。

【注意事项】

1．一人一用一消毒和（或）灭菌，避免交叉感染。

2．出现功能故障或损坏时必须立即停止使用，避免意外伤害发生。

3．使用合乎标准的车针，车针有变形、缺损时应立即更换，以免损坏机头。

4．装卸车针必须在夹簧完全打开的状态下进行，高速牙科手机转动时必须夹持有车针，以免损坏夹轴。

5．车针应牢固夹紧于高速牙科手机机头上，车针松动或部分抽出时，可能导致车针脱离机头或折断。

6．口腔综合治疗台连接高速牙科手机的软管的气路压力值设定，需参考高速牙科手机说明书。

【器械危险度分级】

1．普通高速牙科手机属于中度危险口腔器械，应达到灭菌或高水平消毒水平。

2．手术用高速牙科手机属于高度危险口腔器械，应达到灭菌水平。

五、低速牙科手机

【结构】

1. 低速牙科手机（图1-1-22、图1-1-23）以不锈钢或钛合金材质为主，包括机头和马达。

A.直机头

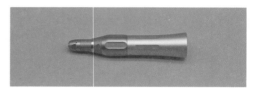
A.直机头

B.弯机头

B.弯机头

C.马达

C.马达

图1-1-22　低速牙科手机（内水道）　　图1-1-23　低速牙科手机（外水道）

2. 低速牙科手机按照供水方式可分为内水道低速牙科手机和外水道低速牙科手机，机头按照外形可分为直机头和弯机头，马达按照驱动来源可分为气动马达和电动马达。

【功能】

夹持牙科车针：与口腔综合治疗台配套使用，对牙体进行钻、压、切、削，对修复体、矫治器进行修整等。

【四手操作中的应用】

1. 握持（图1-1-24、图1-1-25）。

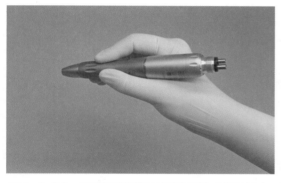 

图1-1-24　低速牙科手机的握持手法（握笔法）　图1-1-25　低速牙科手机的握持手法（掌拇指法）

（1）常用握笔法和掌拇指法。

（2）握笔法是指拇指、示指和中指握住低速牙科手机机头，无名指和小指作为支点；掌拇指法是指将低速牙科手机握于手掌内，拇指以外的四指紧绕机头下端和马达，拇指指向机头上端沿机头伸展作为支点。

2．使用。

（1）连接马达于口腔综合治疗台连接软管上，插上机头。

（2）安装车针或磨石，检查低速牙科手机运转是否正常。

（3）使用后预处理：在带车针或磨石情况下使用口腔综合治疗台水、气系统冲洗低速牙科手机内部水路、气路，将马达和低速牙科手机从连接软管上取下，取下车针或磨石，去除表面污染物。种植弯机头预处理：先用低絮的消毒纸巾擦拭种植机的表面，再慢速冲洗出种植机内部的骨屑和污物，最后使用清洁润滑剂对种植机尾部和出水管进行清洁润滑。

【维护保养】

1．保持低速牙科手机清洁干燥，轴承和三瓣簧润滑。

2．避免碰撞造成内外部件破损或变形。

【注意事项】

1．一人一用一消毒和（或）灭菌，避免交叉感染。

2．出现功能故障、明显的或异常的运行噪声及损坏时必须立即停止使用。

3．使用合乎标准的车针或磨石，以免损坏机头。

4．机头插入马达时，马达上的卡扣应锁紧。

5．车针或磨石牢固夹紧于机头上，才能开动马达。

6．气动马达操作时，若出现冷却水供应故障，须立即停用。

7．气动马达应使用清洁、干燥、无油的压缩驱动空气。

8．电动马达不应使用机械清洗机清洗。

【器械危险度分级】

1．普通低速牙科手机属于中度危险口腔器械，应达到灭菌或高水平消毒水平。

2．手术用低速牙科手机属于高度危险口腔器械，应达到灭菌水平。

第二节　牙体牙髓疾病诊疗常用器械

一、高速车针

【结构】

1. 高速车针（图1-2-1）多由不锈钢、钨钢等材料制成，由头、颈和柄三部分组成。

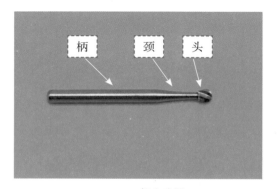

A. 高速球钻

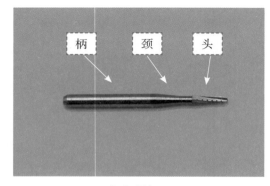

B. 高速裂钻

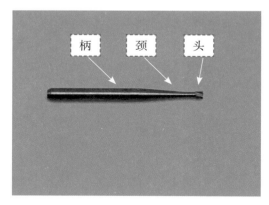

C. 高速倒锥钻

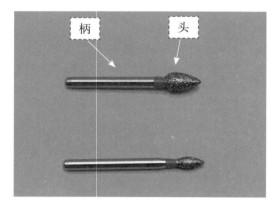

D. 高速火焰钻

图1-2-1　高速车针

　　2. 高速车针按外形可分为高速球钻车针、高速裂钻车针、高速倒锥钻车针、高速火焰钻车针、高速梨形钻车针等。

【功能】

1. 开髓：高速裂钻车针、高速球钻车针。
2. 去龋：高速球钻车针（图1-2-2）。

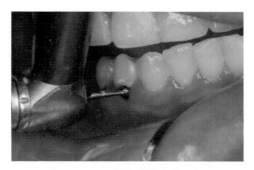

图1-2-2　高速球钻车针去龋

3．备洞：高速裂钻车针、高速球钻车针。

4．修整：高速梨形钻车针。

【四手操作中的应用】

1．取用（图1-2-3）。

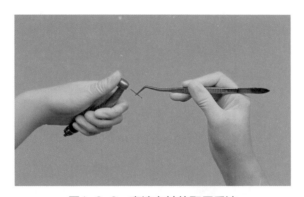

图1-2-3　高速车针的取用手法

（1）用牙用镊夹取。

（2）将车针柄安装至高速牙科手机机头部位，检查安装稳定后备用。

2．传递（图1-2-4）。

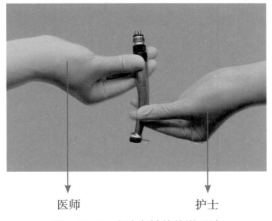

医师　　　　　　护士

图1-2-4　高速车针的传递手法

将安装好车针的高速牙科手机传递给医师，备用。

【维护保养】

1．保持车针存放于清洁、干燥的环境。

2．保持车针表面清洁、干燥，使用后及时预处理，消毒、灭菌。

【注意事项】

1．确认所选车针无变形、无折断、无尖端崩折或脱砂。

2．切割时应施力适当，循序而有效地切割牙体组织。

3．勿强行将车针塞入高速牙科手机，如出现安装困难，要先仔细检查高速牙科手机和车针。

【器械危险度分级】

高度危险口腔器械，应达到灭菌水平。

二、低速车针

【结构】

1．低速车针（图1-2-5）可由不锈钢、钨钢等制成，由头、颈和柄三部分组成。

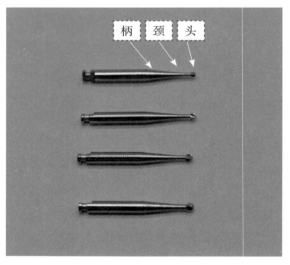

柄　颈　头

图1-2-5　低速车针

2．低速车针按外形可分为低速裂钻车针、低速球钻车针、低速倒锥钻车针等。

【功能】

去龋、备洞：去除髓室底的钙化沉积物，修整出原始的髓室底的形状。

【四手操作中的应用】

1．取用（图1-2-6）。

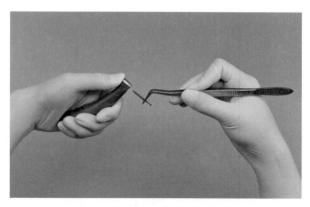

图1-2-6　低速车针的取用手法

（1）用牙用镊夹取。

（2）将车针柄安装至低速牙科手机机头部位，检查安装稳定后备用。

2．传递（图1-2-7）。

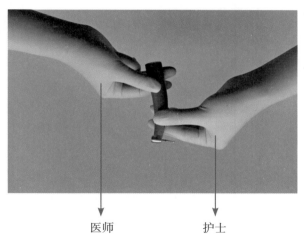

医师　　　　　　护士

图1-2-7　低速车针的传递手法

将安装好车针的低速牙科手机传递给医师，备用。

【维护保养】

1．保持车针存放于清洁、干燥的环境。

2．保持车针表面清洁、干燥，使用后及时预处理，消毒、灭菌。

【注意事项】

1．确认所选车针无变形、无折断、无尖端崩折或脱砂。

2．勿强行将车针塞入低速牙科手机，如出现安装困难，要先仔细检查低速牙科手机和车针。

【器械危险度分级】

高度危险口腔器械，应达到灭菌水平。

三、橡皮障系统

【结构】

1. 橡皮障系统（图1-2-8）由橡皮障障布、橡皮障支架（面弓）、打孔器、橡皮障夹和橡皮障夹钳五部分组成。

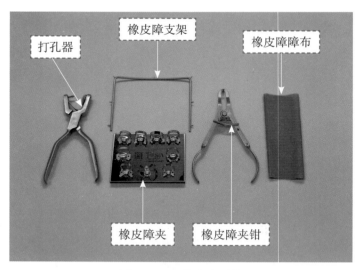

图1-2-8　橡皮障系统

（1）橡皮障障布：为高弹性、防水性强的乳胶类材料，有不同型号、颜色、厚度；常用的型号有12.7cm×12.7cm和15.2cm×15.2cm两种；多使用中等厚度橡皮障障布。

（2）橡皮障支架（面弓）：为金属或塑料支架，撑开并固定橡皮障口外部分。

（3）打孔器：用于橡皮障障布打孔，头部穿孔盘有大小不同的圆孔供选择。

（4）橡皮障夹（固定夹）：用于固定橡皮障障布，防止滑脱。有各种型号，适用于不同的牙齿。

（5）橡皮障夹钳：用于安放、调整和去除橡皮障夹。

【功能】

1. 隔离：隔离患牙，保持术区干燥、清晰；隔离唾液及其他组织液，减少感染机会。

2. 保护：保护口腔软组织，并可防止误吸、误吞。

【四手操作中的应用】

1. 握持（图1-2-9、图1-2-10）。

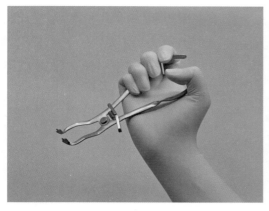

图1-2-9　握持橡皮障夹钳（上颌）

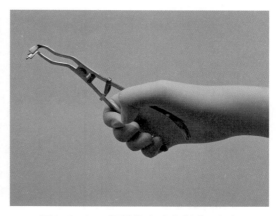

图1-2-10　握持橡皮障夹钳（下颌）

（1）常用掌握法。

（2）拇指和其他四指分别握持于橡皮障夹钳手柄两侧。

2．传递（图1-2-11、图1-2-12）。

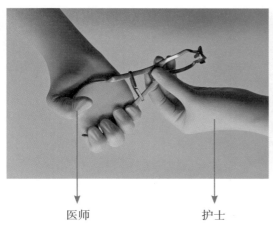

医师　　　　　　　护士

图1-2-11　橡皮障夹钳的传递手法（上颌）

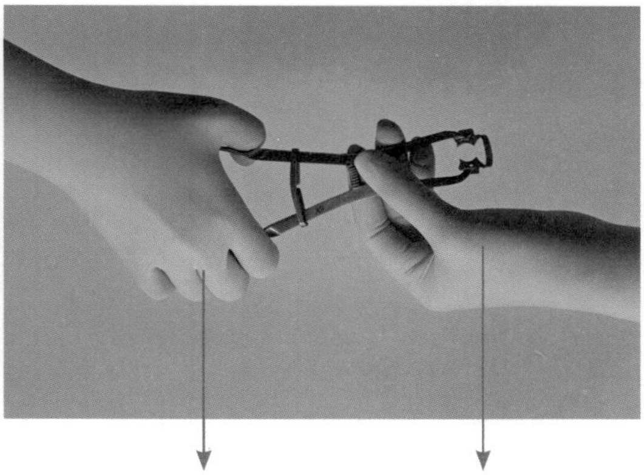

医师　　　　　　　护士

图1-2-12　橡皮障夹钳的传递手法（下颌）

（1）护士以左手握持橡皮障夹钳工作端的1/3处，准备传递。

（2）医师接过器械后，根据治疗的方式和器械的使用特点选择好工作端的指向，准备操作。

【维护保养】

1．保持橡皮障障布在低于26℃的条件下保存，也可以在冰箱里冷藏保存。

2．保持打孔器孔内无残留橡皮障障布。

【注意事项】

1．使用前，涂抹凡士林润滑病人唇部，注意病人口角保护。

2．试夹过程中可在橡皮障夹的弓部系上牙线，防止滑脱，若遇破损，要及时更换。

3．安放时将橡皮障障布暗面朝向术者，减轻术者视觉疲劳。

4. 乳胶过敏病人慎用含乳胶的橡皮障障布。

5. 橡皮障障布一次性使用后应丢弃。

6. 牙科橡皮障夹、橡皮障支架（面弓）、橡皮障夹钳必须先清洗、单独包装，再消毒、灭菌。

【器械危险度分级】

1. 橡皮障障布、橡皮障支架（面弓）、打孔器属低度危险口腔器械，应达到中水平或低水平消毒水平。

2. 橡皮障夹、橡皮障夹钳属中度危险口腔器械，应达到灭菌或高水平消毒水平。

四、水门汀调拌刀

【结构】

水门汀调拌刀（图1-2-13、图1-2-14）可由金属或塑料制成，均可高温高压灭菌，由手柄和工作端两部分组成。

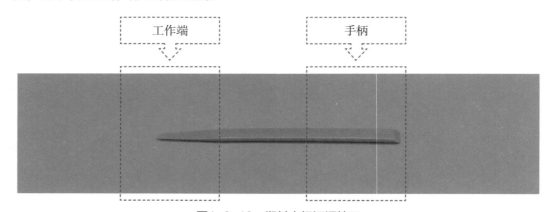

图1-2-13　塑料水门汀调拌刀

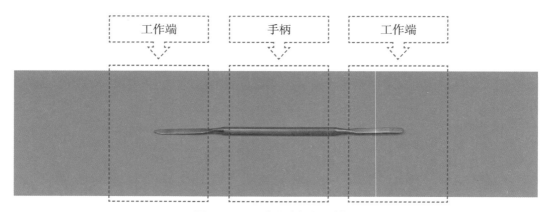

图1-2-14　金属水门汀调拌刀

【功能】

水门汀调拌刀可对材料进行混合、碾压、收刮与成形。

【四手操作中的应用】
握持（图1-2-15）：

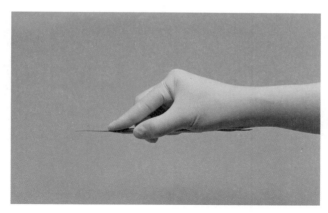

图1-2-15　水门汀调拌刀的握持手法

1. 常用抓持法。
2. 术者握持手柄，利用手柄一端的直边平面刀头，在玻璃或纸质调和板上调和水门汀等材料。
【维护保养】
1. 保持表面干燥、清洁，使用后及时清理表面材料。
2. 勿接触火及腐蚀性物品等。
【注意事项】
1. 工作端应保持光滑，便于调拌。
2. 保证头部正直，外形对称，外表无锋棱、毛刺、裂纹。
3. 接触血液、体液后应消毒、灭菌。
4. 表面有划痕后禁止使用。
【器械危险度分级】
1. 常规使用水门汀调拌刀属低度危险口腔器械，应达到低水平消毒水平。
2. 手术用水门汀调拌刀属高度危险口腔器械，应达到灭菌或高水平消毒水平。

五、水门汀充填器

【结构】
1. 水门汀充填器（图1-2-16）多由不锈钢制成，由手柄和两个工作端组成，一端为扁平形，另一端为倒锥状。

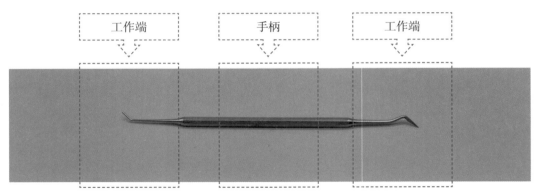

图1-2-16 水门汀充填器

2．根据充填材料、作用牙齿位置不同，扁平形端的倾斜方向不同。

【功能】

1．取用材料：用于材料的充填、构筑、形态修正及压接成形，为可重复使用的手动工具。

2．窝洞充填：扁平形端用于糊膏样材料取用及邻面洞充填，倒锥状端用于垫底和后牙面洞充填等操作。

3．塑形：近远中水门汀充填器可用于近远中面充填；颊舌侧水门汀充填器可用于颊舌面洞充填。

【四手操作中的应用】

1．握持（图1-2-17）。

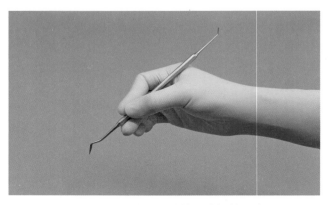

图1-2-17 水门汀充填器的握持手法

（1）常用握笔法。

（2）右手拇指、示指和中指握持，无名指和小指作为支点。

2．传递（图1-2-18）。

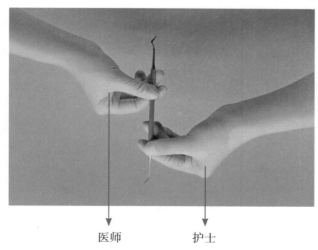

医师　　　　　护士

图1-2-18　水门汀充填器的传递手法

（1）护士以左手握持水门汀充填器手柄靠近非工作端的1/3处，准备传递。

（2）医师以拇指和示指握住水门汀充填器手柄靠近工作端的1/3处，中指在水门汀充填器下面支撑，准备操作。

（3）护士根据治疗方式和水门汀充填器的使用特点选择好工作端的指向，进行传递。

【维护保养】

1. 保持表面干燥、清洁，使用后及时清理表面材料。

2. 保持工作端的完整性。

3. 勿接触火及腐蚀、油性物体等。

【注意事项】

1. 保持工作端光滑，以免材料送进窝洞时随器械被带出。

2. 取用材料时用扁平形端，垫底时用倒锥状端，注意保持尖端光滑。

【器械危险度分级】

高度危险口腔器械，应达到灭菌水平。

六、树脂成形充填器

【结构】

树脂成形充填器（图1-2-19）多由金属制成，由工作端和手柄两部分组成，两工作端扁平、光滑。

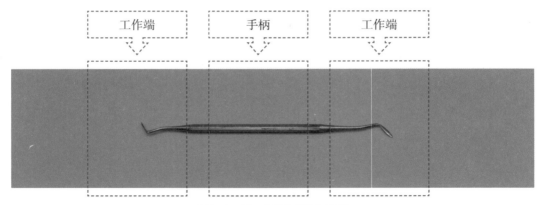

图1-2-19　树脂成形充填器

【功能】

1．修整树脂形态：一工作端与手柄平行，用于牙面成形、唇面的充填修整；另一工作端前端稍弯曲，用于树脂近远中面成形。

2．充填：取用复合树脂类材料，充填时修整树脂外形。

【四手操作中的应用】

1．握持（图1-2-20）。

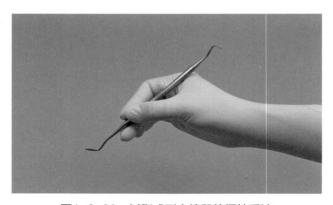

图1-2-20　树脂成形充填器的握持手法

（1）常用握笔法。

（2）右手拇指、示指和中指握持树脂成形充填器，无名指和小指常用作支点。

2．传递（图1-2-21）。

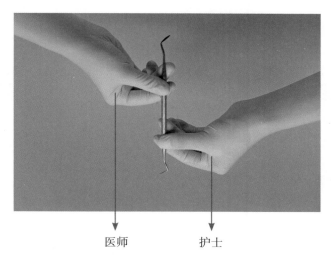

医师　　　　　护士

图1-2-21　树脂成形充填器的传递手法

（1）护士以左手握持树脂成形充填器手柄近非工作端的1/3处，准备传递。

（2）医师以拇指和示指握住树脂成形充填器手柄近工作端的1/3处，中指置于树脂成形充填器下面作为支持，准备操作。

（3）护士根据治疗方式和树脂成形充填器的使用特点选择工作端的指向，进行传递。

【维护保养】

1. 保持工作端光滑、整洁。

2. 使用时勿用力过猛，避免改变树脂成形充填器外形。

【注意事项】

使用时保持工作端干净整洁。因树脂成形充填器薄而窄，使用时勿用力过猛，避免改变其外形。

【器械危险度分级】

高度危险口腔器械，应达到灭菌水平。

七、拔髓针

【结构】

1. 拔髓针（图1-2-22），亦称倒钩髓针，为不锈钢材质，在光滑髓针表面做一系列切割，然后将切割处翻起，制成一系列突起而成。刃部的倒钩刺是锐利的尖，抬起角度小，几乎与柄平行，刺尖朝向牙冠。

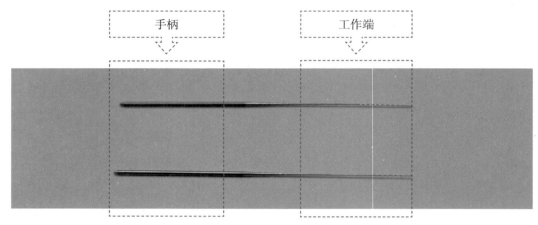

图1-2-22 拔髓针

2. 拔髓针有长拔髓针和短拔髓针两种。长拔髓针针体长约50mm，需装在手柄上使用，由杆和工作端组成。短拔髓针刃部长7mm，通过颈部与柄部固定，总长30mm，不必装在手柄上。

3. 拔髓针按工作端直径由细到粗分为000号、00号、0号、1号、2号、3号六种型号，依据外形分为带柄拔髓针和光柄拔髓针两种。

【功能】

去除异物：去除牙髓组织和根管内的异物。

【四手操作中的应用】

1. 握持（图1-2-23）。

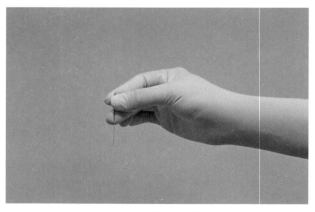

图1-2-23 拔髓针的握持手法

（1）直接取用。

（2）以拇指、示指和中指握持，拔髓针插入根管深约2/3处，轻轻旋转使根髓或根管内异物绕在拔髓针上，然后抽出。

2. 传递（图1-2-24）。

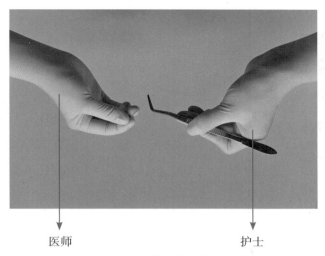

　　　　　医师　　　　　　　　　　　　护士
图1-2-24　拔髓针的传递手法

　　（1）间接传递手法：护士将拔髓针插在清洁台上或使用镊子在传递区传递。
　　（2）医师使用拇指、示指和中指捏住拔髓针手柄，准备操作。
【维护保养】
　　1．勿用力压拔髓针及旋转圈数过多，防止断尖。
　　2．勿向根尖过度深入，否则会倒勾进入牙本质，移动受阻，易折断。
　　3．勿使用生锈或变形拔髓针。
【注意事项】
　　1．保持工作端倒钩刺的清洁和功能正常，受压扭曲时易折断。
　　2．拔髓针用后须丢弃在锐器盒里。
　　3．使用时应试探性地缓慢插入根管，接近根尖1/3处，切忌用力推进，轻轻旋转90°～180°，以免拔髓针折断或嵌入根管无法取出。
【器械危险度分级】
　　高度危险口腔器械，应达到灭菌水平。

八、根管切削器械（根管锉）

【结构】
　　1．根管切削器械，临床又称根管锉（图1-2-25至图1-2-27）多由不锈钢或镍钛材质制成，分为工作端和手柄两部分。工作端分为头部和杆部，头部尖锐，用于探测根管口；杆部为螺纹状，便于进入根管。

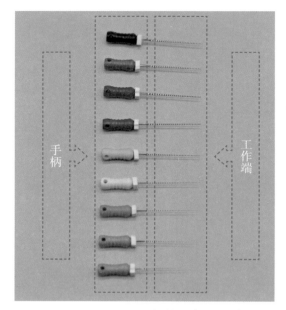

图1-2-25　手用根管锉（21mm）

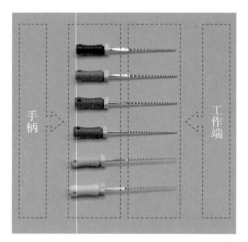

图1-2-26　手用根管锉（45～80号21mm）

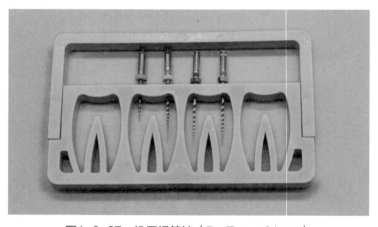

图1-2-27　机用根管锉（ProTaper 21mm）

2. 按使用方法，根管锉分为手用型和机用型。

（1）不锈钢根管锉：

①手用型：常用K型锉和H型锉。手柄用颜色标示，表示不同型号。不同型号适应不同的根管的宽度，随着号码的增加，锉针的直径增加。

②机用型：常用G钻、长柄球钻（LN）和P钻等。G钻头部为火焰状，刃部短，顶端有安全钝头；长柄球钻（LN）头部为小球形；P钻有锐利的刃部，尖端有安全头，但质地较硬。

（2）镍钛根管锉：其柔韧性和抗折断性较高。

①手用型：类似不锈钢手用型根管锉。

②机用型：通常与有恒定转速并能控制扭力的马达，如ATR马达配合使用，以防器

械折断。常用的有ProTaper（图1-2-27）、Mtwo、K3等。

【功能】

1. 根管预备：根管扩大针、G钻。

2. 取充填物：K型锉、H型锉。

3. 桩道预备：P钻。

4. 寻找根管口：长柄球钻（LN）。

【四手操作中的应用】

1. 握持（图1-2-28、图1-2-29）。

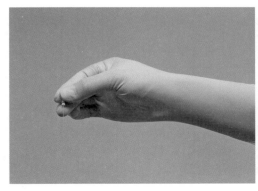

图1-2-28　手用根管锉的握持手法

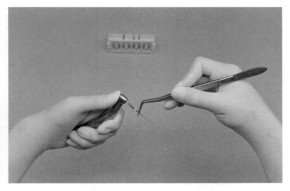

图1-2-29　机用根管锉的握持手法

（1）手用根管锉：用拇指、示指和中指握持，使用时将根管锉放在拇指和示指之间，以90°～180°轻微往返旋转进入，不要向根尖方向施压，使用时应常规在距锉针尖端2～3mm处预弯。

（2）机用根管锉：使用镊子夹取，安装至高速牙科手机机头部位，检查安装稳定后使用。

2. 传递（图1-2-30）。

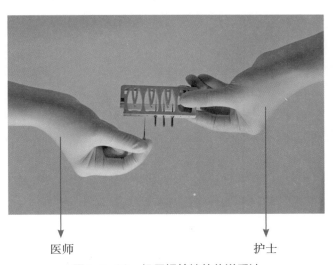

医师　　　　　　　　　　　　　护士

图1-2-30　机用根管锉的传递手法

（1）护士可通过棉卷和清洁台传递或用镊子夹取传递。机用根管锉配有针架，使用时可通过针架传递。

（2）医师接过根管锉后，以右手拇指和示指握住根管锉手柄，准备操作。

【维护保养】

保持根管锉表面清洁、干燥，使用后及时预处理，消毒、灭菌。

【注意事项】

1．控制根管锉使用次数。

2．废弃的根管锉应置于锐器盒。

3．每次使用前后均应清洁和仔细检查器械，一旦发现螺纹异常或变形应该丢弃，因为螺纹异常或变形表明器械一定有损伤，再次使用会增加折断的风险。

【器械危险度分级】

高度危险口腔器械，应达到灭菌水平。

九、金属成型片

【结构】

1．金属成型片（图1-2-31）为不锈钢制成的薄片状。

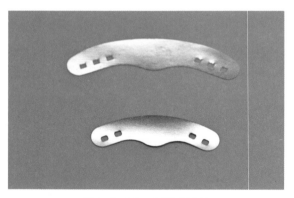

图1-2-31　金属成型片

2．金属成型片两侧分别带有2～3个孔。安装时其中间突出部朝向龈方，用成型夹夹于金属成型片小孔内固定。

3．金属成型片根据长短可分为大、中、小三类，分别用于恒磨牙、恒前磨牙和乳磨牙。可为特定牙齿设计，包括通用成型片、前磨牙成型片、磨牙成型片。

【功能】

1．填充：用于Ⅱ类洞填充材料时，分隔相邻两牙，起到代替缺失的邻面壁或窝洞壁的作用，防止形成悬突。

2．类型不同，应用牙齿不同：除个别较大的牙齿外，通用成型片用于所有的后牙；前磨牙成型片用于前磨牙；磨牙成型片用于较大的磨牙；各种儿科用金属成型片用于乳牙。

【维护保养】

保持工作端清洁，维护功能。

【注意事项】

放入邻面时动作轻柔，避免损伤。金属成型片用后丢弃在锐器盒中。

【器械危险度分级】

高度危险口腔器械，应达到灭菌水平。

十、成型片夹

【结构】

成型片夹（图1-2-32）多由不锈钢制成，由手柄螺丝和两个固定臂组成，包括工作端和手柄两部分。固定臂的末端细小，刚好插入成型片上的固定小孔中，以固定成型片。手柄后端有螺纹和螺纹帽，可调节片夹的松紧和大小。

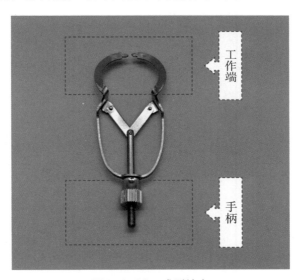

工作端

手柄

图1-2-32 成型片夹

【功能】

固定：固定成型片。

【维护保养】

保持工作端及关节处清洁，维护功能。

【注意事项】

保持工作端及关节处清洁，维护功能。

【器械危险度分级】

高度危险口腔器械，应达到灭菌水平。

十一、楔子

【结构】

1. 楔子（图1-2-33、图1-2-34）多由木头或者塑料制成。

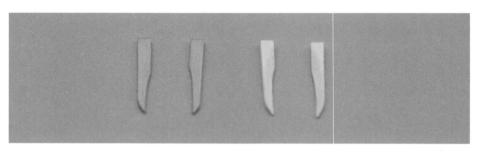

图1-2-33 木质楔子

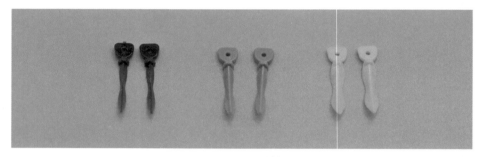

图1-2-34 塑料楔子

2. 楔子可分为三角形、圆形或者解剖学形状等，以适合楔状隙区域。

3. 不同的颜色代表楔子的大小、厚度不同。

【功能】

填充：被放置在牙龈楔状隙区域，填充Ⅱ类、Ⅲ类和（或）Ⅳ类洞时，配合成型片使用，使成型片与牙面更加贴合，有助于形成正常的邻间接触关系，防止形成悬突。

【维护保养】

保持光滑，无粗糙、毛刺。

【注意事项】

使用时动作宜轻柔，若有损坏，要及时更换。

【器械危险度分级】

高度危险口腔器械，应达到灭菌水平。

十二、螺旋充填器（螺旋输送器）

【结构】

1. 螺旋充填器（图1-2-35）多由不锈钢材质制成，由手柄和工作端两部分组成，工作端越朝向尖端，直径越窄，螺纹越密。

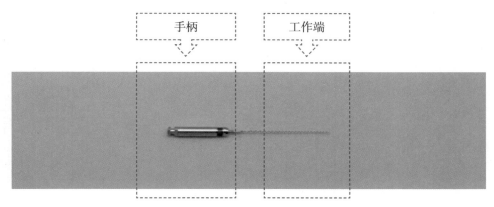

图1-2-35　螺旋充填器

2．常用的国际标准型号为25～40号，除了直径的不同，长度也会有所不同，常用的长度是21mm和25mm，有机用和手用两种类型。

【功能】

输送材料：向根管内输送糊剂、药品或者印模材料，可以均匀地将材料输送至根管内。

【四手操作中的应用】

1．握持（图1-2-36）。

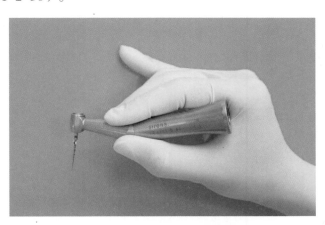

图1-2-36　机用螺旋充填器的握持手法

（1）直接取用。

（2）右手拇指、示指和中指握持，无名指和小指作为支点。

2．传递（图1-2-37、图1-2-38）。

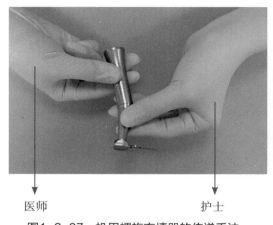

医师　　　　　　　　护士　　　　　　　医师　　　　　　　　护士

图1-2-37　机用螺旋充填器的传递手法　　　图1-2-38　手用螺旋充填器的传递手法

（1）护士将机用螺旋充填器塞入低速牙科手机，以左手握持低速牙科手机手柄近机头的1/3处，准备传递。

（2）医师以拇指和示指握住低速牙科手机手柄近接头的1/3处，中指置于低速牙科手机下面作为支持，准备操作。

（3）手用螺旋充填器可通过棉卷或清洁台传递。

【维护保养】

1．保持表面清洁干燥，使用后及时预处理，消毒、灭菌。

2．保持工作端的完整性。

3．勿使用工作端弯曲、变形、断裂的器械。

【注意事项】

1．控制使用次数。

2．废弃的螺旋充填器应置于锐器盒。

3．每次使用前后均应清洁和仔细检查螺旋充填器，一旦发现螺纹异常或变形，应该丢弃，因为螺纹异常或变形表明器械一定有损伤，再次使用会增加折断的风险。

【器械危险度分级】

高度危险口腔器械，应达到灭菌水平。

十三、根管加压充填器

【结构】

1．根管加压充填器（图1-2-39）由不锈钢或镍钛材质制作而成，分为工作端和手柄两部分。工作端为光滑尖锥形，手柄有短柄和长柄两种。

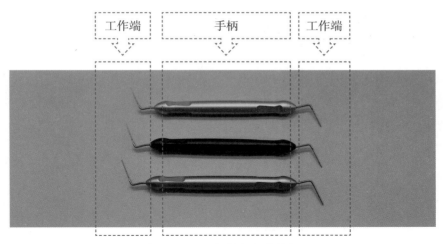

图1-2-39 根管加压充填器

2. 根管加压充填器分为侧向（方）加压充填器和垂直加压充填器。

（1）侧向（方）加压充填器：镍钛加压充填器更易插入根管深部及弯曲部位，但受力后容易弯曲变形。长柄侧向（方）加压充填器工作端尖而细，锥度较大，光滑无刃槽。短柄侧向（方）加压充填器的结构类似根管锉。常见型号为15～40号，常用25号和30号，充填时可进入根管深处，便于侧向用力。

（2）垂直加压充填器：工作端为平钝的工作头，主要用于牙胶的垂直加压。有不同型号，分别用于前牙和后牙。

【功能】

加压充填：加压充填牙胶，使之更加致密。侧向（方）加压充填器用于侧向加压根管充填技术，将糊剂和插入的牙胶尖侧向挤压，密贴根管壁，并留出再次插入牙胶尖的间隙。垂直加压充填器配合热牙胶仪器，用于热牙胶充填，将软化的牙胶用于分段垂直加压根管充填或用于侧向加压根管充填后的垂直致密加压。

【四手操作中的应用】

1. 握持（图1-2-40）。

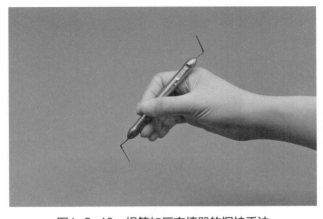

图1-2-40 根管加压充填器的握持手法

（1）常用握笔法。

（2）由拇指、示指和中指握持，以无名指和小指做支点。

2. 传递（图1-2-41）。

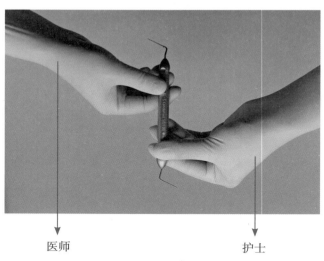

医师   护士

图1-2-41　根管加压充填器的传递手法

（1）在熟悉治疗过程的前提下，护士以左手的拇指、示指、中指握持器械的非工作端准备传递。

（2）医师的拇指和示指以握笔式接过器械准备操作。

（3）护士根据治疗的方式和器械的使用特点选择好工作端的指向进行传递。

【维护保养】

1. 保持器械表面干燥清洁，使用后及时清理附着在表面的材料。

2. 勿接触火及腐蚀、油性物体。

3. 保持工作端完整，若工作端断裂应禁止使用。

【注意事项】

1. 操作前根据根管大小选用粗细适宜的器械。

2. 操作时工作端只能沿根管方向进入，以防折断。

3. 侧向（方）加压充填器可以旋转使用，力量要适度，防止侧压引起根裂。

【器械危险度分级】

高度危险口腔器械，应达到灭菌水平。

十四、根管长度测量尺

【结构】

根管长度测量尺（图1-2-42）由耐高温、高压及灭菌的特殊塑料制成，有刻度标识，每个刻度间隔为1mm。

图1-2-42 根管长度测量尺

【功能】

测定长度：供根管预备器械或牙胶尖测量工作长度。

【四手操作中的应用】

1．握持（图1-2-43）。

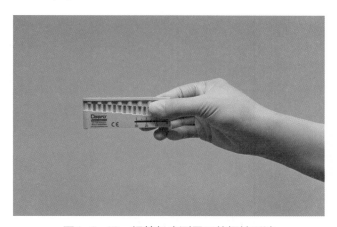

图1-2-43 根管长度测量尺的握持手法

（1）直接取用。

（2）以拇指和示指握持座尺底部，中指作为支点，其余两指支撑。

2．传递（图1-2-44）。

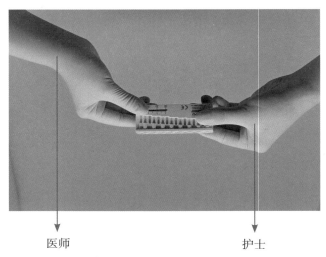

医师   护士

图1-2-44　根管长度测量尺的传递手法

（1）护士以左手的拇指、示指、中指握持器械的底部准备传递。

（2）医师的拇指和示指以握笔式接过器械，右手将待测量的器械、牙胶尖、纸尖放入根管长度测量尺中并进行预弯，准备操作。

【维护保养】

1．保持器械表面干燥清洁，使用后及时进行附着物预处理。

2．保持座尺刻度的完整性，若座尺刻度模糊不清应停止使用。

【注意事项】

1．保证刻度清晰可辨，无变形、损坏。

2．一人一用一灭菌。

【器械危险度分级】

低度危险口腔器械，按中度危险口腔器械处理，应达到灭菌或高水平消毒水平。

十五、超声根管治疗器械

【结构】

1．超声根管治疗器械（图1-2-45、图1-2-46）多由金属材质制成，一般由头、颈、柄三部分组成，头部为各种不同类型的工作端，经由颈部与柄相连。

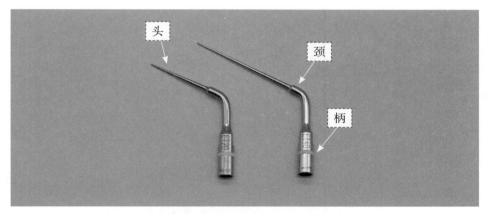

图1-2-45 去除根管内异物工作尖（ET20、ET25）

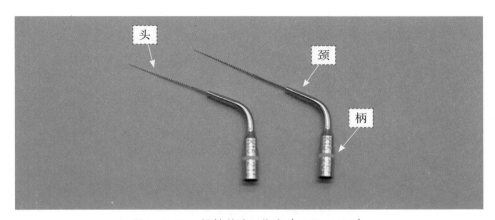

图1-2-46 根管荡洗工作尖（K15、K25）

2. 根据功能分为去除根管内异物工作尖、根管荡洗工作尖、拆桩工作尖、去钙化工作尖等。

3. 常用型号：根管荡洗工作尖，LIMES/FILES，长度21mm/25mm，K10、K15、K25、K30，IRR20-21、IRR20-25、IRR25-21、IRR25-25；去除根管内异物工作尖，ET18D、ETBD、ET20、ET20D、ET25、ET40、ET40D等；拆桩工作尖ETPR；去钙化工作尖CAP1、CAP2、CAP3。

【功能】

1. 去除充填：ET18D、ET25、ET40、CAP1、CAP3。

2. 异物取出：ET20、ET20D、ET40。

3. 寻找钙化根管口：ETBD。

4. 探查和打开根管：CAP2。

5. 根管荡洗工作尖：

（1）LIMES/FILES：利用超声振动产生的空化效应及特殊化学因子，有效去除牙本质碎屑和玷污层，改善狭窄、弯曲和复杂根管（如C型根管）的冲洗效果，行荡洗时不易将碎屑推出根尖孔，术后反应小。

（2）IRR20-21、IRR20-25、IRR25-21、IRR25-25，较LIMES/FILES有更好的荡洗效果，尤其适合弯曲的根尖部。

6. 拆桩工作尖，松动桩和冠：ETPR。

【四手操作中的应用】

1. 握持（图1-2-47）。

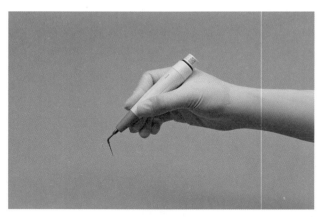

图1-2-47　超声根管治疗器械的握持手法

（1）直接取用。

（2）右手拇指、示指和中指握持，无名指和小指作为支点。

2. 传递（图1-2-48）。

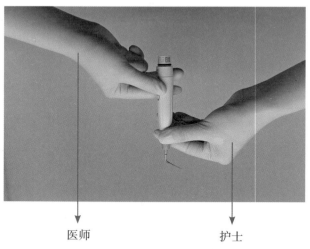

医师　　　　　　　　护士

图1-2-48　超声根管治疗器械的传递手法

（1）将超声根管治疗器械旋入手柄，护士以左手握持手柄近工作端的1/3处，准备传递。

（2）医师以拇指和示指握住手柄近非工作端的1/3处，中指置于手柄下面作为支持，准备操作。

【维护保养】

1. 保持器械表面干燥清洁，使用后及时进行预处理。

2. 保持灭菌好的物品存放于无尘干燥的环境内。

【注意事项】

1. 使用前应检查器械螺纹情况，勿使用解螺旋器械。

2. 严禁空振，以防器械意外折断。

【器械危险度分级】

高度危险口腔器械，应达到灭菌水平。

十六、研磨器

【结构】

1. 研磨器（图1-2-49至图1-2-51）由链接杆（心轴）及磨头组成。

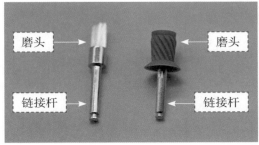

A. 抛光刷　B. 抛光杯

图1-2-49　抛光刷、抛光杯

图1-2-50　抛光碟

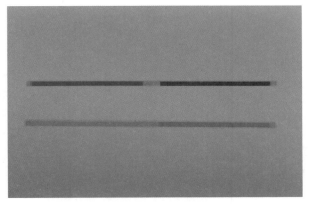

图1-2-51　抛光条

2. 链接杆可由不锈钢、铜锌合金材料等制成。

3. 磨头可由氧化铝、碳化合物（碳化硅、碳化硼、碳化钨）、二氧化硅等材料制成。

4. 研磨器按外形可分为抛光碟、抛光杯、抛光刷、抛光条等。

5．抛光杯常用的尺寸较为固定，常见的有圆柱状、圆锥状，表面可有花纹，也可光滑。

【功能】

1．修整、修形和抛光：用于牙体修复体和自然牙结构的外形修整、修形和抛光。

2．抛光碟适用于平滑面和凸面，特别是涉及切缘和外展隙处的前牙区。使用时由粗到细按顺序使用（图1-2-52）。

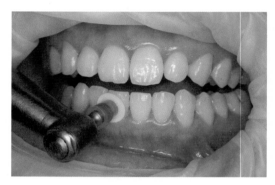

图1-2-52　使用抛光碟

3．抛光杯适用于光滑面，前牙舌面和后牙面，有粗细不同规格，可用于洁治术后打磨、抛光牙面，减少菌斑牙石的堆积。

4．抛光刷适用于其他抛光器械难以进入的窝沟裂隙区及邻面区。

5．抛光条适用于邻面的修形和抛光。抛光条两端分别粘附有粗细两种摩擦颗粒，中间小段无摩擦颗粒，有利于抛光条通过接触区进入邻面。

【四手操作中的应用】

1．抛光碟的取用（图1-2-53）。

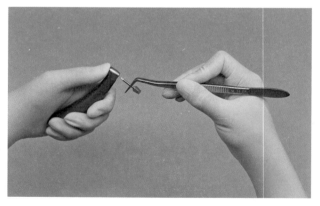

图1-2-53　抛光碟的取用手法

（1）直接取用。

（2）将抛光碟链接杆安装至低速牙科手机，握持低速牙科手机使用。

2．抛光杯的握持（图1-2-54）。

图1-2-54 抛光杯的握持手法

（1）常用握笔法。

（2）主要握持弯机的是拇指、示指和中指，无名指和小指作为支点。

3. 抛光碟的传递（图1-2-55）。

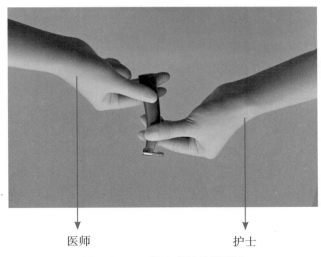

医师　　　　　　　　护士

图1-2-55 抛光碟的传递手法

（1）护士将抛光碟链接杆连接至低速牙科手机，选择并安装磨头，将低速牙科手机传递给医师，以左手握持低速牙科手机手柄近机头的1/3处准备传递。

（2）医师以拇指和示指握住低速牙科手机手柄近接头的1/3处，中指置于低速牙科手机下面作为支持，准备操作。

4. 抛光杯的传递（图1-2-56）。

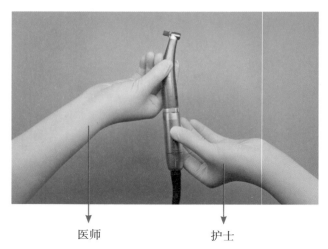

医师　　　　　　　护士

图1-2-56　抛光杯的传递手法

（1）护士将抛光杯与低速牙科手机安装好。

（2）医师接过器械后，以右手拇指和示指握住低速牙科手机手柄近机头的1/3处，中指置于低速牙科手机下面作为支点，准备操作。

【维护保养】

1. 保持光滑，无粗糙、毛刺，使用后进行预处理，消毒、杀菌。

2. 勿使用含氯消毒液消毒链接杆，以免生锈。

3. 保持研磨器存放于干净无潮气的环境内。

4. 使用后的抛光杯置于0.01%～0.02%多酶溶液中浸泡，清洗后高压灭菌处理。

【注意事项】

1. 所选研磨器无变形、变短、磨损或脱毛。

2. 使用前确保连接牢固，需试转操作确认无摇晃。

3. 操作时医师戴防尘口罩，病人戴护目镜，使用局部吸尘装置。

4. 确保抛光杯无变形，使用前连接牢固，需试转操作确认无摇晃。

5. 使用抛光杯时，始终保持抛光剂润滑以减少橡皮杯旋转摩擦时的产热。

【器械危险度分级】

中度危险口腔器械，应达到高水平消毒或灭菌水平。

十七、牙胶尖测量尺

【结构】

1. 牙胶尖测量尺（图1-2-57）由不锈钢或铝合金制成，包括按序排列的型号孔、刻度。

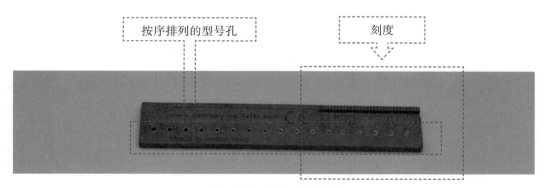

按序排列的型号孔　　　刻度

图1-2-57　牙胶尖测量尺

2．牙胶尖测量尺常用规格：20～140mm，70.5mm×39mm×15.5mm，110mm×52mm×58mm。

3．牙胶尖测量尺主要分为牙胶尖测量直尺锥度尺、圆形牙胶尖切断器锥度尺。

【功能】

用于测量直径：测量根管预备器械或牙胶尖尖端直径，方便切割、修整牙胶尖尖端锥度。

【四手操作中的应用】

1．握持（图1-2-58）。

图1-2-58　牙胶尖测量尺的握持手法

（1）常用握笔法。

（2）用拇指、示指和中指握持锥度尺，无名指、小指作为支点。

2．使用（图1-2-59）。

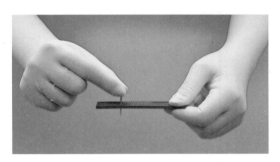

图1-2-59　牙胶尖测量尺的使用手法

以左手拇指、示指握住牙胶尖测量尺的一端，右手将一支牙胶尖放入测量尺背面对应的金属孔里，切去伸出的部分，就是精确的尖部尺寸。

【维护保养】

1. 保持牙胶尖测量尺的刻度清晰，磨损时及时更换。

2. 勿与锐利、粗糙器械同放或使用钢丝球等清洗，以免形成划痕。

3. 勿浸泡于任何液体中，保持器械干燥。

【注意事项】

1. 尽量在操作台闲置区域使用，避免滑落造成器械损伤。

2. 器械送消时，应单独用塑封袋包装，避免送消过程中与其他器械碰撞形成划痕。

3. 若器械划痕、锈迹过多，应及时更换，避免影响准确度。

【器械危险度分级】

中度危险口腔器械，应达到灭菌或高水平消毒水平。

第三节　牙周科常用器械

一、牙周手用洁治器

【结构】

1. 牙周手用洁治器（图1-3-1）由金属制成，由工作端、颈部及柄部组成。

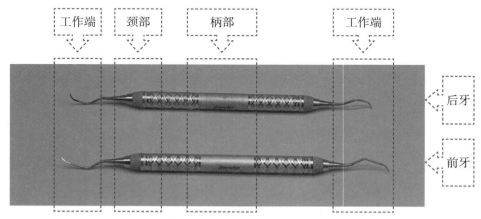

图1-3-1　牙周手用洁治器

2. 工作端角度各不相同，适用于不同的牙面。

【功能】

龈上洁治术：牙齿各个面（包括邻面）的菌斑、牙石的刮除。

【四手操作中的应用】

1. 握持（图1-3-2）。

图1-3-2　牙周手用洁治器的握持手法

（1）常用改良握笔法。

（2）用拇指、示指、中指握持牙周手用洁治器的柄部，中指腹紧贴牙周手用洁治器的颈部，示指的第二指关节弯曲，拇指、示指、中指构成一个三角形力点。同时以中指或中指加无名指放于被洁治牙附近的牙作为支点，以腕部发力刮除牙石。

2. 传递（图1-3-3）。

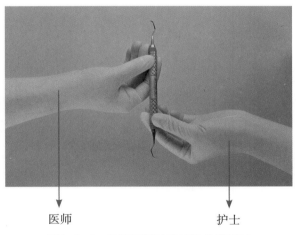

医师　　　　　　　　　　　护士

图1-3-3　牙周手用洁治器的传递手法

（1）护士以左手握持柄部近非工作端的1/3处，工作端指向治疗牙位准备传递。

（2）医师接过后，以右手拇指和示指握住柄部近工作端的1/3处，中指置于牙周手用洁治器下面作为支点，准备操作。

【维护保养】

1. 使用后的牙周手用洁治器应湿式保存，保湿液推荐使用多酶溶液，清洗后高压灭菌处理，避免工作端锈蚀或损坏。

2. 牙周手用洁治器清洗消毒将多支器械放在一起时，尽量保持刀刃不相互重叠，否则刀叶易损坏。

3．选择高压灭菌时，牙周手用洁治器应单支独立包装或采用工具盒包装，单支独立包装时建议在工作端使用纸质保护套。

4．修磨牙周手用洁治器时保持正确的修磨角度，不可修磨过多，避免刀刃的损耗。

5．长期不使用的牙周手用洁治器应在刀叶上涂油保护。

【注意事项】

1．有效工作刃在牙周手用洁治器尖端1/3处。

2．禁止在病人头面部传递牙周手用洁治器，确保病人治疗安全。

3．传递牙周手用洁治器要准确无误，防止污染及发生职业暴露。

4．护士根据治疗方式和牙周手用洁治器的使用特点选择好工作端的指向，进行传递。

【器械危险度分级】

高度危险口腔器械，应达到灭菌水平。

二、牙周机用龈上工作尖

【结构】

1．牙周机用龈上工作尖（图1-3-4）由金属制成，由工作端、颈部及连接端组成。

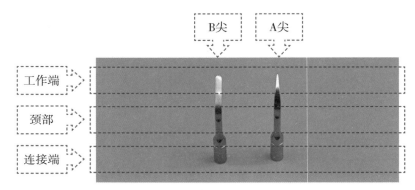

图1-3-4　牙周机用龈上工作尖

2．工作端呈扁平形、尖圆形，与超声洁牙机配合使用。A尖用于龈上洁治，B尖用于清理色素和舌侧重大污垢及大块牙结石。

【功能】

龈上洁治术：去除牙结石及牙齿污渍。

【四手操作中的应用】

1．连接（图1-3-5）：用上针器连接拧紧牙周机用龈上工作尖。

图1-3-5 牙周机用龈上工作尖的连接手法

2．传递（图1-3-6）。

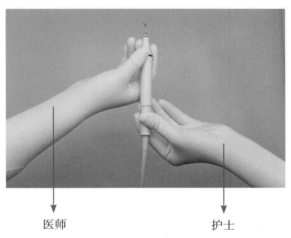

医师   护士

图1-3-6 牙周机用龈上工作尖的传递手法

（1）护士将牙周机用龈上工作尖和洁牙手柄用上针器连接拧紧，准备传递。

（2）医师接过手柄后，以右手拇指和示指握住手柄近工作端的1/3处，中指置于手柄下面作为支点，准备操作。

【维护保养】

1．使用后的工作尖应湿式保存，保湿液推荐使用多酶溶液，清洗后高压灭菌处理，避免工作端锈蚀或损坏。

2．勿将牙周机用龈上工作尖作用于其他金属，避免工作端锈蚀或损坏。

【注意事项】

1．有效工作刃在牙周机用龈上工作尖的尖端1/3处。

2．安装牙周机用龈上工作尖时，应将手柄置于胸前，与地面垂直，将牙周机用龈上工作尖放于手柄连接处轻轻拧稳后，再用上针器将牙周机用龈上工作尖拧紧。

3．护士传递洁牙手柄时应按正确的传递手法操作，避免职业暴露。

4．护士根据治疗方式和牙周机用龈上工作尖的使用特点选择好工作端的指向，进行传递。

【器械危险度分级】

高度危险口腔器械，应达到灭菌水平。

三、牙周手用刮治器

【结构】

1. 牙周手用刮治器（图1-3-7）由金属制成，由工作端、颈部及柄部组成。

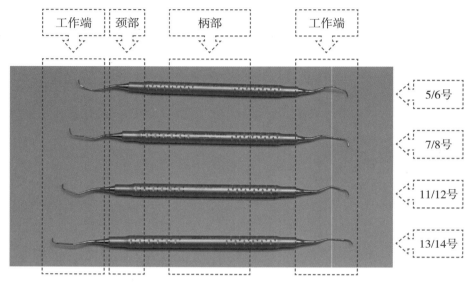

图1-3-7　牙周手用刮治器

2. 牙周手用刮治器以设计者Gracey名命名，分区域专用，适合不同牙面。常用四种不同型号：5/6号适用于前牙及尖牙的刮治，7/8号适用于磨牙和前磨牙的颊舌侧的刮治，11/12号适用于磨牙和前磨牙的近中面的刮治，13/14号适用于磨牙和前磨牙的远中面的刮治。

【功能】

1. 龈下刮治：去除龈下牙石和菌斑。

2. 去除肉芽组织：去除袋壁内的变性坏死组织、病理性肉芽组织及残存的上皮组织。

3. 根面平整：去除含有内毒素的根面牙骨质，形成硬而光滑、平整、具有良好组织相容性的根面。

【四手操作中的应用】

1. 握持（图1-3-8）。

图1-3-8　牙周手用刮治器的握持手法

（1）常用改良握笔法。

（2）用拇指、示指、中指握持牙周手用刮治器的柄部，中指腹紧贴牙周手用刮治器的颈部，示指的第二指关节弯曲，拇指、示指、中指构成一个三角形力点。同时以中指或中指加无名指放于被洁治牙附近的牙作为支点，以腕部发力刮除牙石。

2. 传递（图1-3-9）。

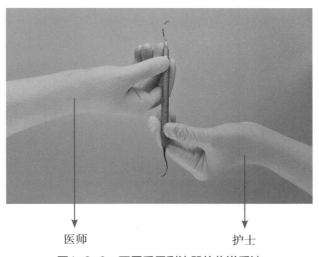

医师　　　　　　　　　　　　　护士

图1-3-9　牙周手用刮治器的传递手法

（1）护士以左手握持牙周手用刮治器柄部近非工作端的1/3处，工作端指向治疗牙位，准备传递。

（2）医师接过牙周手用刮治器后，以右手拇指和示指握住柄部近工作端的1/3处，中指置于牙周手用刮治器下面作为支点，准备操作。

【维护保养】

1. 使用后的牙周手用刮治器应湿式保存，保湿液推荐使用多酶溶液，清洗后高压灭菌处理，避免工作端锈蚀或损坏。

2. 清洗消毒将多支牙周手用刮治器放在一起时，尽量保持刀刃不相互重叠，否则刀叶极易损伤。

3．选择高压灭菌法时，牙周手用刮治器应采用单支独立包装或工具盒包装，单支独立包装时建议在工作端使用纸质保护套。

4．修磨牙周手用刮治器时保持正确的修磨角度，不可修磨过多，避免刀刃的损耗。

5．长期不使用的牙周手用刮治器应在刀叶上涂油保护。

【注意事项】

1．有效工作刃在牙周手用刮治器尖端1/3处。

2．禁止在病人头面部传递牙周手用刮治器，确保病人治疗安全。

3．传递要准确无误，防止污染及发生职业暴露。

4．护士根据治疗方式和牙周手用刮治器的使用特点选择好工作端的指向，进行传递。

【器械危险度分级】

高度危险口腔器械，应达到灭菌水平。

四、牙周机用龈下工作尖

【结构】

1．牙周机用龈下工作尖（图1-3-10）由金属制成，由工作端、颈部及连接端组成。

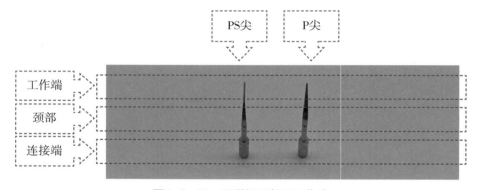

图1-3-10　牙周机用龈下工作尖

2．牙周机用龈下工作尖形态：P尖工作端呈扁平形，适用于所有牙齿龈下2～3mm牙周袋，亦适用于牙齿邻面的清洁；PS尖工作端呈细线形，适用于所有牙齿龈下深（4mm及以上）牙周袋治疗。

【功能】

龈下刮治术：去除龈下牙石和菌斑。

【四手操作中的应用】

1．连接（图1-3-11）：用上针器连接拧紧牙周机用龈下工作尖。

图1-3-11　牙周机用龈下工作尖的连接手法

2. 传递（图1-3-12）。

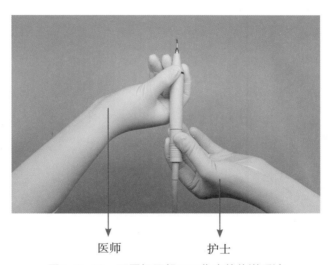

医师　　　　　护士

图1-3-12　牙周机用龈下工作尖的传递手法

（1）护士将牙周机用龈下工作尖和洁牙手柄用上针器拧紧，准备传递。

（2）医师接过洁牙手柄后，以右手拇指和示指握住手柄近工作端的1/3处，中指置于手柄下面作为支点，准备操作。

【维护保养】

1. 使用后的牙周机用龈下工作尖应湿式保存，保湿液推荐使用多酶溶液，清洗后高压灭菌处理，避免工作端锈蚀或损坏。

2. 勿将牙周机用龈下工作尖作用于其他金属，避免工作端锈蚀或损坏。

【注意事项】

1. 有效工作刃在牙周机用龈下工作尖的尖端1/3处。

2. 安装牙周机用龈下工作尖时，应将手柄置于胸前，与地面垂直，将牙周机用龈下工作尖放于手柄连接处轻轻拧稳后，再用上针器将牙周机用龈下工作尖拧紧。

3. 护士传递洁牙手柄时应按正确的传递手法操作，避免职业暴露。

4. 护士根据治疗方式和牙周机用龈下工作尖的使用特点选择好工作端的指向，进行传递。

【器械危险度分级】

高度危险口腔器械，应达到灭菌水平。

五、牙周牙龈切除刀

【结构】

1. 牙周牙龈切除刀由金属制造，由工作端、颈部及柄部组成。

2. 牙周牙龈切除刀依据刀形分为斧形刀、柳叶刀和Orban刀。

【功能】

1. 斧形刀（图1-3-13）：用于牙龈切除术，适用于唇（颊）面及舌（腭）面牙龈组织的切除，刀刃与根面呈45°进行切割；优势在于刃面更薄。

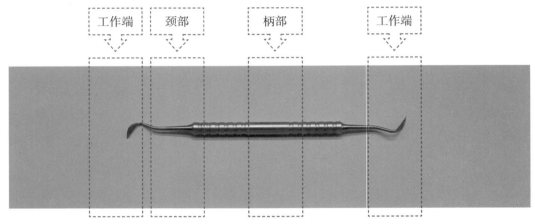

图1-3-13　牙周牙龈切除刀（斧形刀）

2. 柳叶刀（图1-3-14）：适用于牙龈切除术，常用于转弯部位、邻牙区域牙龈组织的切除。使用时刀刃应朝向冠方，且更适应后牙区操作。

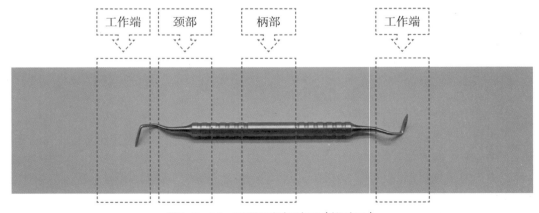

图1-3-14　牙周牙龈切除刀（柳叶刀）

3. Orban刀（图1-3-15）：用于膜龈隧道手术牙龈剥离减张。刀刃应朝向根方，优势是刀刃面比柳叶刀薄30%。

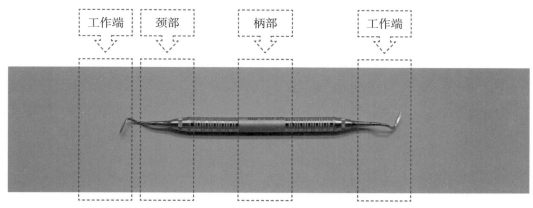

图1-3-15　牙周牙龈切除刀（Orban刀）

【四手操作中的应用】

1. 握持（图1-3-16）。

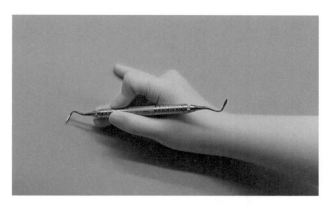

图1-3-16　牙周牙龈切除刀的握持手法

（1）常用握笔法。

（2）主要握持牙周牙龈切除刀的手指是拇指、示指和中指，无名指和小指做支点。

2. 传递（图1-3-17）。

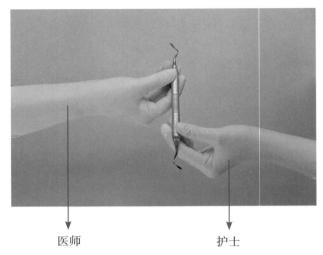

医师　　　　　　　　护士

图1-3-17　牙周牙龈切除刀的传递手法

（1）护士以左手握持牙周牙龈切除刀柄部近非工作端的1/3处，工作端指向治疗牙位，准备传递。

（2）医师接过牙周牙龈切除刀后，以右手拇指和示指握住柄部近工作端的1/3处，中指置于牙周牙龈切除刀下面作为支点，准备操作。

【维护保养】

1．使用后的牙周牙龈切除刀应湿式保存，保湿液推荐使用多酶溶液，清洗后高压灭菌处理，避免工作端锈蚀或损坏。

2．清洗消毒将多支牙周牙龈切除刀放在一起时，尽量保持刀刃不相互重叠，否则刀叶极易损伤。

3．选择高压灭菌法时，牙周牙龈切除刀应单支独立包装或采用工具盒包装，单支独立包装时建议在工作端使用纸质保护套。

4．长期不使用的牙周牙龈切除刀应在刀叶上涂油保护。

【注意事项】

1．有效工作刃在牙周牙龈切除刀尖端1/3处。

2．禁止在病人头面部传递牙周牙龈切除刀，确保病人治疗安全。

3．传递牙周牙龈切除刀要准确无误，防止污染及发生职业暴露。

4．护士根据治疗方式和牙周牙龈切除刀的使用特点选择好工作端的指向，进行传递。

【器械危险度分级】

高度危险口腔器械，应达到灭菌水平。

六、牙周金属探针

【结构】

1．牙周金属探针（图1-3-18）由金属制成，由工作端、颈部和柄部组成。

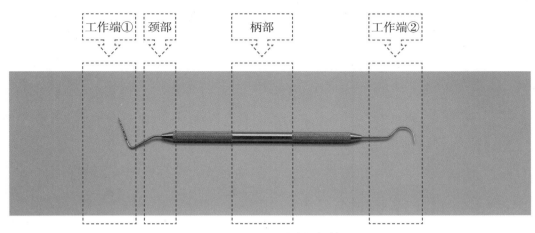

工作端① 颈部 柄部 工作端②

图1-3-18 牙周金属探针

2．工作端①呈"7"字形，尖端圆钝，是以毫米做刻度的探测工具。一格为1mm，共分15格，代表15mm，在4mm和5mm处为黑色标记，在9mm和10mm处为黑色标记，在14mm和15mm处为黑色标记，便于辨识。

3．工作端②为圆弧形，尖端圆钝。

【功能】

1．工作端①：用于探查牙周袋深度、根分叉病变、牙龈出血、角化龈宽度、牙间隙宽度、牙周附着丧失等情况。

2．工作端②：用于检查窝洞的深浅和大小、根管及牙龈的状态等。

【四手操作中的应用】

1．握持（图1-3-19）。

图1-3-19 牙周金属探针的握持手法

（1）常用握笔法。

（2）主要握持牙周金属探针的手指是拇指、示指和中指，无名指和小指做支点。

2．传递（图1-3-20）。

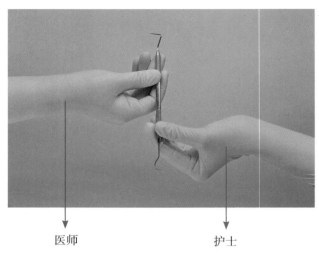

医师   护士

图1-3-20　牙周金属探针的传递手法

（1）护士以左手握持牙周金属探针的柄部近非工作端的1/3处，工作端指向治疗牙位，准备传递。

（2）医师接过牙周金属探针后，以右手拇指和示指握住柄部近工作端的1/3处，中指置于牙周金属探针下面作为支点，准备操作。

【维护保养】

1. 使用后的牙周金属探针应湿式保存，保湿液推荐使用多酶溶液，清洗后高压灭菌处理，避免工作端锈蚀或损坏。

2. 清洗消毒将多支牙周金属探针放在一起时，尽量保持工作端不相互重叠，否则极易损伤工作端。

3. 选择高压灭菌法时，牙周金属探针应单支独立包装或采用工具盒包装，单支独立包装时建议在工作端使用纸质保护套。

【注意事项】

1. 禁止在病人头面部传递牙周金属探针，确保病人治疗安全。

2. 传递牙周金属探针要准确无误，防止污染及发生职业暴露。

3. 护士根据治疗方式和牙周金属探针的使用特点选择好工作端的指向，进行传递。

【器械危险度分级】

高度危险口腔器械，应达到灭菌水平。

七、牙周树脂探针

【结构】

1. 牙周树脂探针（图1-3-21）由金属和树脂制成，由工作端、颈部和柄部组成。

工作端　颈部　柄部

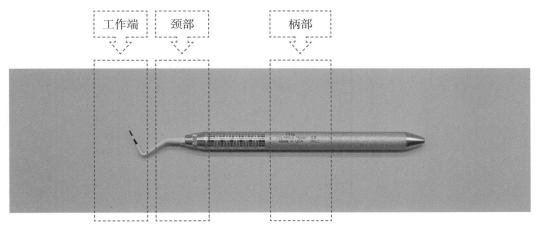

图1-3-21　牙周树脂探针

2. 工作端呈"7"字形，尖端圆钝，是以毫米做刻度的探测工具，一格为1mm，共分12格，代表12mm，在4mm和5mm处为黑色标记，在9mm和10mm处为黑色标记，便于辨识。

【功能】

1. 用于固定修复体或探查种植体牙周。

2. 探查牙周支持组织的丧失、牙周袋深度、根分叉病变、牙周袋出血、角化龈宽度、牙龈厚度、牙间隙宽度、牙齿松动度及病损等情况。

【四手操作中的应用】

1. 握持（图1-3-22）。

图1-3-22　牙周树脂探针的握持手法

（1）常用握笔法。

（2）主要握持牙周树脂探针的手指是拇指、示指和中指，无名指和小指做支点。

2. 传递（图1-3-23）。

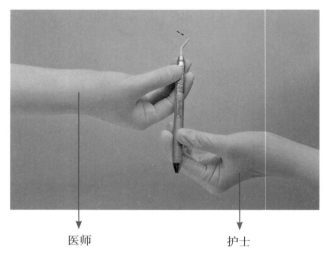

医师　　　　　　　　　　护士

图1-3-23　牙周树脂探针的传递手法

（1）护士以左手握持牙周树脂探针柄部近非工作端的1/3处，工作端指向治疗牙位，准备传递。

（2）医师接过牙周树脂探针后，以右手拇指和示指握住柄部近工作端的1/3处，中指置于牙周树脂探针下面作为支点，准备操作。

【维护保养】

1．使用后的牙周树脂探针应湿式保存，保湿液推荐使用多酶溶液，清洗后高压灭菌处理，避免工作端锈蚀或损坏。

2．清洗消毒将多支牙周树脂探针放在一起时，尽量保持工作端不相互重叠，否则极易损伤工作端。

3．选择高压灭菌法时，牙周树脂探针应单支独立包装或采用工具盒包装，单支独立包装时建议在工作端使用纸质保护套。

【注意事项】

1．禁止在病人头面部传递牙周树脂探针，确保病人治疗安全。

2．传递牙周树脂探针要准确无误，防止污染及发生职业暴露。

3．护士根据治疗方式和牙周树脂探针的使用特点选择好工作端的指向，进行传递。

【器械危险度分级】

高度危险口腔器械，应达到灭菌水平。

八、挖器

【结构】

1．挖器（图1-3-24）由金属材料制成，由工作端、颈部和柄部组成。

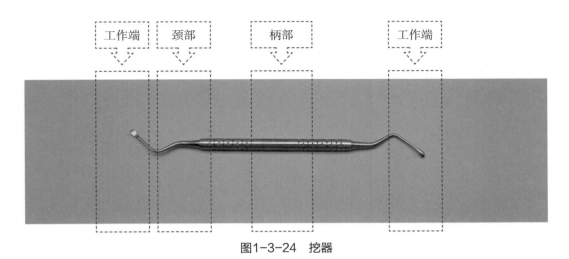

图1-3-24　挖器

2．工作端呈圆形匙状，边缘为刃口，有大、中、小型号之分，不同的大小适用于不同的临床操作。

【功能】

1．龋齿填充术：剔除腐质、龋坏，锋利的挖器可挖出龋坏的腐质部分。

2．根管充填术：冷牙胶根管充填时，挖除多余牙胶尖。

3．根尖手术：无菌操作下挖除根尖瘘管内的肉芽组织。

【四手操作中的应用】

1．握持（图1-3-25）。

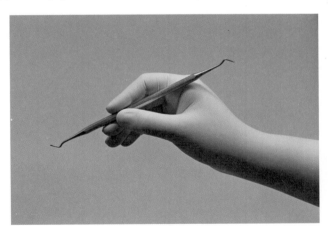

图1-3-25　挖器的握持手法

（1）常用握笔法。

（2）主要握持挖器的手指是拇指、示指和中指，无名指和小指做支点。

2．传递（图1-3-26）。

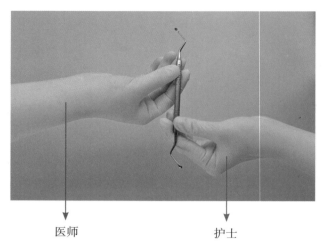

医师　　　　　　　　护士

图1-3-26　挖器的传递手法

（1）护士以左手握持挖器柄部近非工作端的1/3处，工作端指向治疗牙位，准备传递。

（2）医师接过挖器后，以右手拇指和示指握住柄部近工作端的1/3处，中指置于挖器下面作为支点，准备操作。

【维护保养】

1. 使用后的挖器应湿式保存，保湿液推荐使用多酶溶液，清洗后高压灭菌处理，避免工作端锈蚀或损坏。

2. 清洗消毒将多支挖器放在一起时，尽量保持工作端不相互重叠，否则极易损伤工作端。

3. 选择高压灭菌法时，挖器应单支独立包装或采用工具盒包装。

4. 长期不使用的挖器应在刃口上涂油保护。

【注意事项】

1. 勿任意改变各工作端的角度。

2. 去除龋坏时避免过度用力，以防挖除过多健康牙体组织或挖穿牙髓。

3. 禁止在病人头面部传递挖器，确保病人治疗安全。

4. 传递挖器要准确无误，防止污染及发生职业暴露。

5. 护士根据治疗方式和挖器的使用特点选择好工作端的指向，进行传递。

【器械危险度分级】

高度危险口腔器械，应达到灭菌水平。

第四节　口腔外科常用器械

一、牙钳

【结构】

1. 牙钳（图1-4-1）由不锈钢制成，一般分为穿鳃式和迭鳃式，由钳喙、关节和钳柄三部分组成。

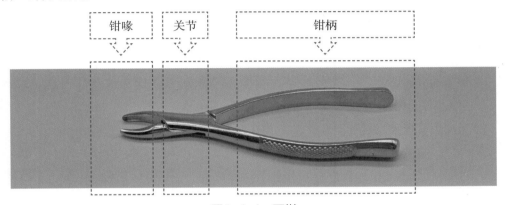

图1-4-1　牙钳

2. 常用的牙钳分为上颌牙钳和下颌牙钳。

【功能】

拔除患牙：牙科手术中用于拔除患牙。

【四手操作中的应用】

1. 握持（图1-4-2）。

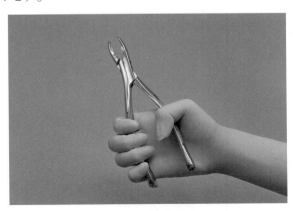

图1-4-2　牙钳的握持手法

（1）常用掌握法。

（2）将钳柄置于右手手掌，拇指握住一侧钳柄，其余四指握住另一侧钳柄。

2．传递（图1-4-3）。

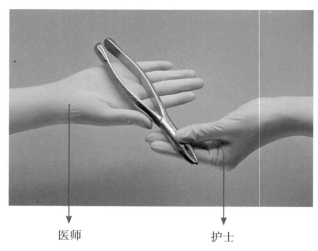

图1-4-3　牙钳的传递手法

（1）护士左手握持钳喙及关节准备传递。

（2）医师右手拇指握住一侧钳柄，其余四指握住另一侧钳柄准备操作。

【维护保养】

1．保持牙钳关节松紧度适宜，使用前、使用中、使用后注意保护牙钳不受碰撞损坏。

2．关节松动的牙钳可能无法夹持患牙，勿使用。

【注意事项】

1．根据不同的牙位选择合适的牙钳。

2．正确安放牙钳，使钳喙的长轴与牙的长轴一致，紧贴牙冠的颊（唇）舌（腭）侧牙面伸入，避免误夹牙龈。

3．正确安放牙钳后，应再次核对牙位，并检查确认钳喙未侵犯邻牙。

【器械危险度分级】

高度危险口腔器械，应达到灭菌水平。

二、牙挺

【结构】

1．牙挺（图1-4-4）由不锈钢制成，由挺刃、挺杆和挺柄三部分组成。

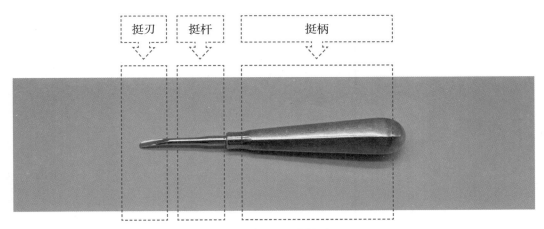

挺刃　　挺杆　　　　挺柄

图1-4-4　牙挺

2．牙挺按照形态可分为直挺、弯挺和三角挺。

【功能】

1．松动牙根：通过牙挺使牙或者牙根松动，产生移位。

2．分裂牙冠：用于分裂多根牙残冠。

【四手操作中的应用】

1．握持（图1-4-5）。

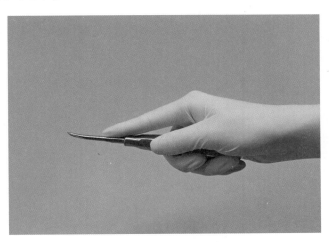

图1-4-5　牙挺的握持手法

（1）常用抓持法。

（2）右手拇指、中指、无名指、小指将挺柄握于掌心，示指压在挺杆上。

2．传递（图1-4-6）。

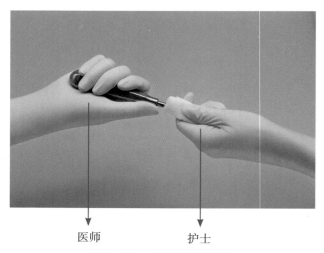

医师   护士

图1-4-6 牙挺的传递手法

（1）护士左手握持挺杆的1/3处准备传递。

（2）医师右手示指、中指、无名指、小指握住挺柄，拇指压在挺杆上准备操作。

【维护保养】

1．保持牙挺良好的强度，微锐，外表无锋棱、毛刺、裂纹，出现磨损后及时更换。

2．勿使用挺刃有缺损的牙挺。

【注意事项】

1．如果邻牙不需要拔除，使用牙挺时不能以邻牙作为支点。

2．龈缘水平处的颊侧骨板一般不应作为牙挺的支点，除非拔除阻生牙或颊侧需去骨。

3．操作过程中必须以手指保护邻近组织，防止牙挺滑脱伤及邻近组织。

4．挺刃的用力方向必须准确，不得使用暴力。

【器械危险度分级】

高度危险口腔器械，应达到灭菌水平。

三、刮匙

【结构】

1．刮匙（图1-4-7）由不锈钢制成，由刮匙柄和刮匙刃两部分组成。

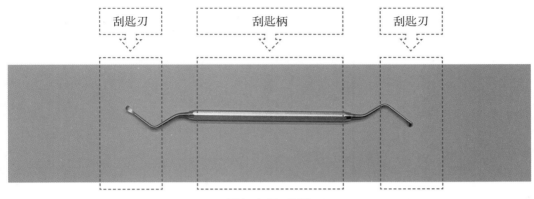

图1-4-7 刮匙

2．刮匙按照形态可分为直刮匙和弯刮匙。

【功能】

1．探查：牙拔除后，可用刮匙探查牙槽窝内是否有碎片、残渣等。

2．搔刮：牙拔除后，可用刮匙搔刮残余的肉芽组织、根尖周肉芽肿或者根尖囊肿等。

【四手操作中的应用】

1．握持（图1-4-8）。

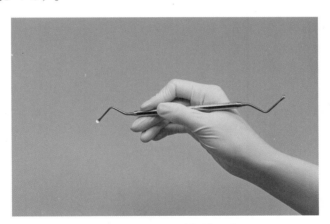

图1-4-8 刮匙的握持手法

（1）常用握笔法。

（2）右手拇指、示指、中指握持刮匙柄，无名指和小指作为支点。

2．传递（图1-4-9）。

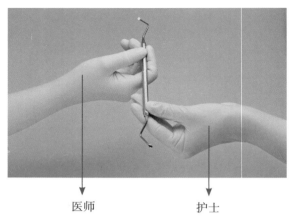

医师   护士

图1-4-9　刮匙的传递手法

（1）护士左手握持刮匙柄近非工作端的1/3处准备传递。

（2）医师拇指、示指握住刮匙柄近工作端的1/3处，中指置于刮匙下面作为支点，准备操作。

（3）护士根据治疗的方式和器械的使用特点选择合适的工作端进行传递。

【维护保养】

1.保持刮匙刃部微锐，外表无锋棱、毛刺、裂纹。

2.勿使用刃部缺损的刮匙。

【注意事项】

1.如果有急性炎症，不应使用刮匙。

2.根周组织健康的牙拔除后避免过度搔刮牙槽窝。

【器械危险度分级】

高度危险口腔器械，应达到灭菌水平。

四、骨膜分离器

【结构】

1.骨膜分离器（图1-4-10）由不锈钢制成，由手柄和剥离头两部分组成。

剥离头　　　　　手柄　　　　　剥离头

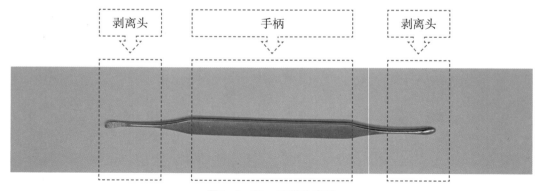

图1-4-10　骨膜分离器

2．骨膜分离器按照形态可分为大骨膜分离器和小骨膜分离器。

【功能】

牙龈翻瓣：骨膜分离器常用于拔牙前对牙龈进行翻瓣。

【四手操作中的应用】

1．握持（图1-4-11）。

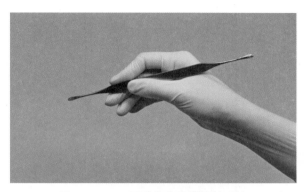

图1-4-11　骨膜分离器的握持手法

（1）常用握笔法。

（2）右手拇指、示指、中指握持骨膜分离器手柄，无名指和小指作为支点。

2．传递（图1-4-12）。

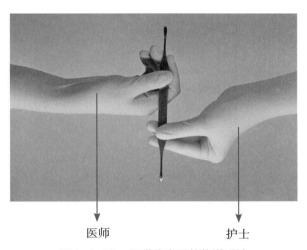

医师　　　　　　　　护士

图1-4-12　骨膜分离器的传递手法

（1）护士左手握持骨膜分离器手柄近非工作端的1/3处，准备传递。

（2）医师以右手拇指、示指握住骨膜分离器手柄近工作端的1/3处，中指置于骨膜分离器下面作为支点，准备操作。

（3）护士根据治疗的方式和器械的使用特点选择合适的工作端进行传递。

【维护保养】

1．保持骨膜分离器剥离头外表无锋棱、毛刺、裂纹。

2．勿使用剥离头缺损的骨膜分离器，以免导致术中软组织和牙槽骨损伤。

【注意事项】

骨膜分离器在使用过程中必须有支点。

【器械危险度分级】

高度危险口腔器械，应达到灭菌水平。

五、骨凿

【结构】

1. 骨凿（图1-4-13）由不锈钢制成，由骨凿柄和骨凿刃两部分组成。

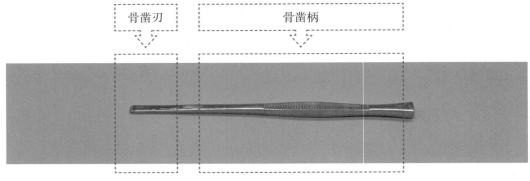

图1-4-13　骨凿

2. 骨凿按照形态可分为单面凿、双面凿和凹凿。

【功能】

1. 劈冠：拔牙时，骨凿可用于解除牙根部阻力或者邻牙阻力，常常需要劈冠。

2. 去骨：骨凿常用于消除骨的阻力，去除覆盖在牙表面的骨组织，以便进一步操作。

【四手操作中的应用】

1. 握持（图1-4-14）。

图1-4-14　骨凿的握持手法

（1）常用握笔法。

（2）右手拇指、示指、中指握持骨凿柄，无名指和小指作为支点。

2．传递（图1-4-15）。

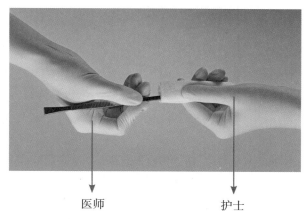

医师　　　　　　　护士

图1-4-15　骨凿的传递手法

（1）护士以左手握持骨凿刃，骨凿刃指向治疗牙位，准备传递。

（2）医师以右手拇指、示指握住骨凿柄近工作端1/3处，中指置于骨凿下面作为支点，准备操作。

【维护保养】

1．保持骨凿刃口锋利，无崩刃、缺刃、卷刃。

2．勿使用骨凿刃口缺损的骨凿。

【注意事项】

1．使用骨凿时必须有支点。

2．握持骨凿应稳定，不可随意滑脱。

【器械危险度分级】

高度危险口腔器械，应达到灭菌水平。

六、骨锉

【结构】

骨锉（图1-4-16）由不锈钢制成，由手柄和锉头组成。

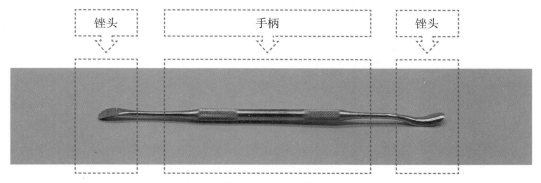

锉头　　　　　　　　手柄　　　　　　　　锉头

图1-4-16　骨锉

【功能】

锉平牙槽骨：牙拔除后，骨锉可用于修整、锉平粗糙的牙槽骨。

【四手操作中的应用】

1．握持（图1-4-17）。

图1-4-17　骨锉的握持手法

（1）常用握笔法。

（2）右手拇指、示指、中指握持骨锉手柄，无名指和小指作为支点。

2．传递（图1-4-18）。

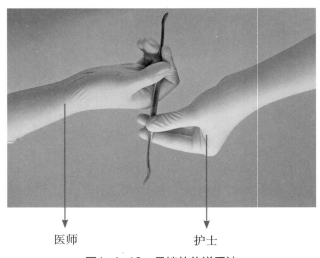

医师　　　　　　　　　护士

图1-4-18　骨锉的传递手法

（1）护士以左手握持骨锉手柄近非工作端的1/3处，准备传递。

（2）医师以右手拇指、示指握住骨锉手柄近工作端的1/3处，中指置于骨锉下面作为支点，准备操作。

（3）护士根据治疗的方式和器械的使用特点选择合适的锉头进行传递。

【维护保养】

1．保持锉头锋利，齿形清晰、完整。

2．勿使用齿形磨损的骨锉。

【注意事项】

骨锉在使用前、使用中和使用后应注意保护锉头不受碰撞损坏。

【器械危险度分级】

高度危险口腔器械，应达到灭菌水平。

七、骨锤

【结构】

骨锤（图1-4-19）由不锈钢制成，由锤头、锤杆和手柄三部分组成。

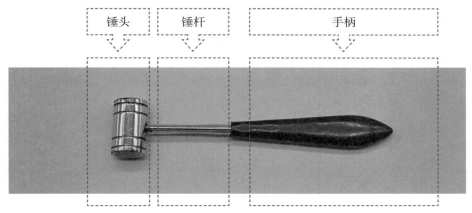

图1-4-19　骨锤

【功能】

敲击：骨锤一般与骨凿、增隙器联合使用，可用于敲击。

【四手操作中的应用】

1．握持（图1-4-20）。

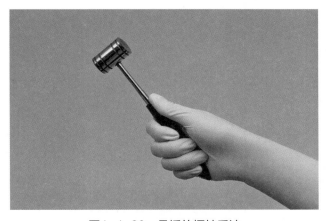

图1-4-20　骨锤的握持手法

（1）常用掌握法。

（2）右手中指、示指、无名指、小指握持骨锤手柄，贴于掌心，拇指压在骨锤手柄上。

2．传递（图1-4-21）。

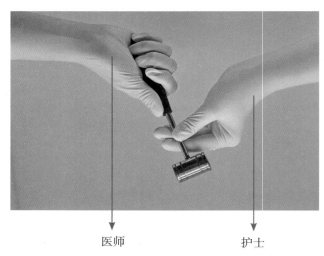

医师　　　　　　　　　　　护士

图1-4-21　骨锤的传递手法

（1）护士左手握持骨锤锤杆1/2处，准备传递。

（2）医师右手以示指、中指、无名指、小指握住骨锤手柄，拇指压在手柄上，准备操作。

【维护保养】

1．保持骨锤清洁、干燥。

2．勿将骨锤置于湿热环境，以免骨锤氧化、生锈。

【注意事项】

使用骨锤时，应注意使用腕力，力量适度。

【器械危险度分级】

低度危险口腔器械，应达到中水平或低水平消毒水平。

八、咬骨钳

【结构】

咬骨钳（图1-4-22）由不锈钢制成，由钳柄、关节和钳喙三部分组成。

钳喙　　关节　　钳柄

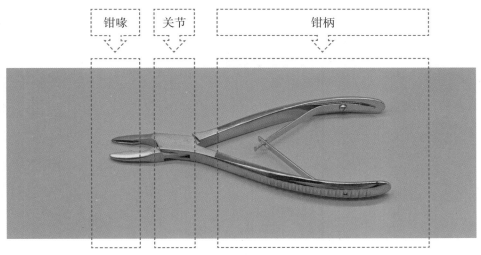

图1-4-22　咬骨钳

【功能】

咬切骨组织：牙科手术中，咬骨钳可用于咬切或者修正骨组织。

【四手操作中的应用】

1．握持（图1-4-23）。

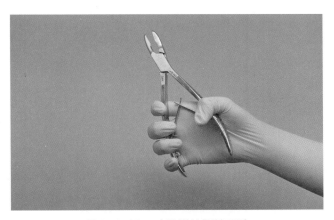

图1-4-23　咬骨钳的握持手法

（1）常用掌握法。

（2）右手将钳柄置于手掌，拇指握住一侧钳柄，其余四指握住另一侧钳柄。

2．传递（图1-4-24）。

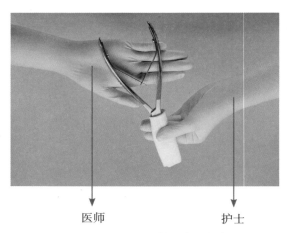

医师　　　　　　　　　　护士

图1-4-24　咬骨钳的传递方法

（1）护士左手握持钳喙及关节，准备传递。

（2）医师以右手示指、中指、无名指和小指握住一侧钳柄，拇指握住另一侧钳柄，准备操作。

【维护保养】

1．保持咬骨钳刃口锋利，无卷刃、崩刃，外形平整、对称、光滑，无锋棱、毛刺、裂纹。

2．勿使用关节松动、钳喙有错口的咬骨钳。

【注意事项】

使用咬骨钳时，钳取部位必须准确，不得使用暴力，不得损伤其他部位。

【器械危险度分级】

高度危险口腔器械，应达到灭菌水平。

九、卡局式注射器

【结构】

卡局式注射器（图1-4-25）由不锈钢制成，由注射针接头、安瓿凹槽、拉杆活塞、手指握持柄、挡板和拇指套环六部分组成。

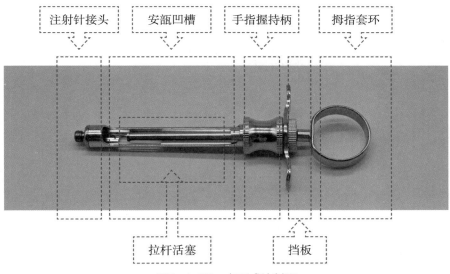

注射针接头　安瓿凹槽　手指握持柄　拇指套环

拉杆活塞　挡板

图1-4-25　卡局式注射器

【功能】

注射麻醉药：卡局式注射器常用于麻醉药注射。

【四手操作中的应用】

1. 握持（图1-4-26）：右手示指和中指夹住手指握持柄，拇指伸入套环。

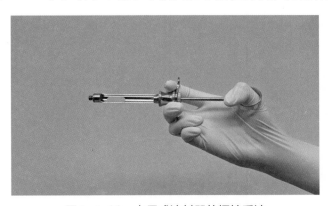

图1-4-26　卡局式注射器的握持手法

2. 传递（图1-4-27）。

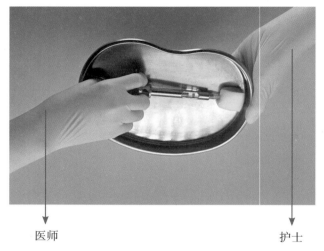

医师　　　　　　　　　　　　　　　　　　　　护士

图1-4-27　卡局式注射器的传递手法

（1）护士左手持弯盘的1/3处准备传递。

（2）医师以示指和中指夹住卡局式注射器的手指握持柄，拇指伸入卡局式注射器的套环，无名指置于卡局式注射器下面作为支点，准备操作。

【维护保养】

1．保持卡局式注射器外形光滑，无锋棱、毛刺、裂纹。

2．勿使用拉杆活塞抽动阻塞的卡局式注射器。

【注意事项】

1．注射针接头应保持通畅。

2．在放入或取出麻醉药安瓿时，勿硬取，以免损坏安瓿玻璃或器械。

【器械危险度分级】

中度危险口腔器械，应达到灭菌或高水平消毒水平。

第五节　口腔修复诊疗常用器械

一、脱冠器（去冠器）

【结构】

1．脱冠器（图1-5-1）由金属制作而成，包括冠头、接头、滑杆、滑锤和尾帽五部分。

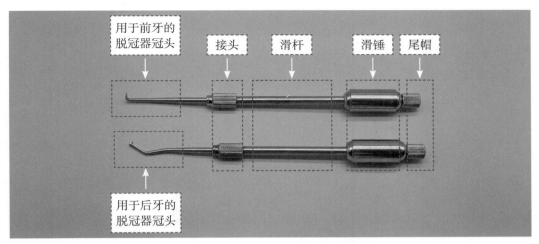

图1-5-1 脱冠器

2. 常用脱冠器冠头长度约2cm，总长度约20cm，不同厂家的尺寸稍有差异。

3. 根据脱冠器前段弯钩形状的不同，脱冠器分为前牙脱冠器和后牙脱冠器，前牙脱冠器为直头，后牙脱冠器为弯头（分别为90°和45°）。根据设计形状的不同，脱冠器分为杆式、挺式、钳式，临床常用的为杆式。

【功能】

用于脱掉冠桥或难以取下的义齿。

【四手操作中的应用】

1. 握持（图1-5-2）。

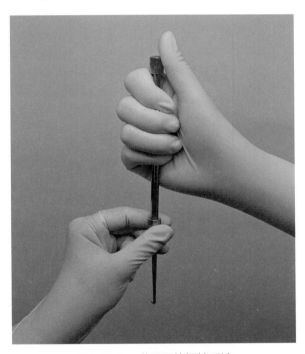

图1-5-2 脱冠器的握持手法

（1）常用握笔法和掌拇指法。

（2）操作者左手拇指、示指和中指固定脱冠器工作端1/3部分，右手示指、中指、无名指和小指握持脱冠器滑锤，拇指沿脱冠器滑杆伸展作为支点。

2. 传递（图1-5-3）。

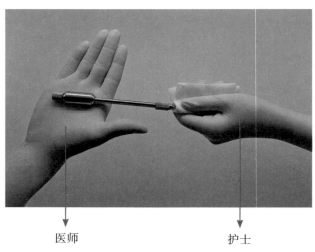

医师   护士

图1-5-3 脱冠器的传递手法

（1）用纱布包裹脱冠器的工作端，护士以左手握持脱冠器工作端的1/3处，工作端指向治疗牙位，准备传递。

（2）医师右手接过器械后，右手以四指紧绕脱冠器尾帽1/3处，拇指沿脱冠器滑杆伸展作为支点，准备操作。

【维护保养】

1. 保持脱冠器冠头刃口正直，外表无锋棱、毛刺、裂纹和缺损。

2. 勿在干燥状态下进行回收及不拆卸进行清洗消毒：手动脱冠器使用后宜保湿放置，保湿液可选择生活饮用水或酶类清洁剂，酶类清洁剂的浓度参照产品说明书进行配制；手动脱冠器清洗消毒时，冠头、接头、滑杆、滑锤和尾帽可拆卸进行清洗和消毒。

【注意事项】

1. 使用前必须对器械进行检查，以免因锈蚀、损坏而导致功能降低，失效器械不应继续使用。

2. 进行四手操作时注意传递的熟练度，防止跌落致锋利的工作端伤及工作人员。

【器械危险度分级】

中度危险口腔器械，应达到灭菌或高水平消毒水平。

二、破冠挺（开冠挺）

【结构】

1. 破冠挺（图1-5-4）由金属制作而成，包括工作端和柄部两部分。

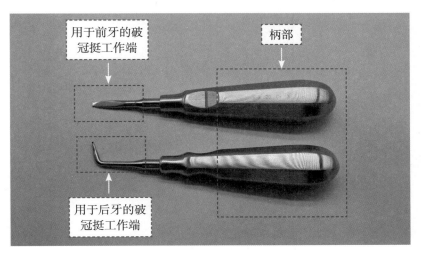

图1-5-4　破冠挺

2．破冠挺的长度约14.5cm，不同厂家的尺寸稍有差异。

3．根据破冠挺工作端形态的不同，破冠挺分为前牙破冠挺和后牙破冠挺两种，前牙破冠挺为直头，后牙破冠挺为弯头（分别为90°和45°）。

【功能】

用于口腔牙体修复时金属冠开槽后撬松冠体。

【四手操作中的应用】

1．握持（图1-5-5）。

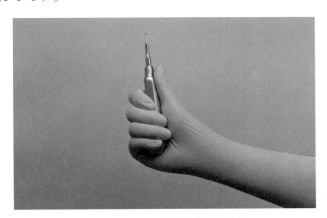

图1-5-5　破冠挺的握持手法

（1）常用掌拇指法。

（2）操作者将破冠挺握于手掌，拇指以外的四指紧绕破冠挺柄部，拇指指向工作端沿破冠挺柄部伸展作为支点。

2．传递（图1-5-6）。

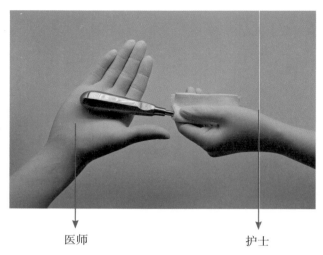

医师　　　　　　　　　　　　护士

图1-5-6　破冠挺的传递手法

（1）用纱布包裹破冠挺的工作端，护士以左手握持破冠挺工作端的1/3处进行传递，工作端指向治疗牙位。

（2）医师展开右手手掌，接住破冠挺的柄部并握住，准备操作。

【维护保养】

1. 保持破冠挺整体无锈蚀、无毛刺、无裂纹以及工作端锋利。

2. 勿在干燥状态下进行回收：破冠挺使用后回收时宜保湿放置，保湿液可选择生活饮用水或酶类清洁剂，酶类清洁剂的浓度参照产品说明书进行配制。

【注意事项】

1. 根据牙位选择合适的工作端。

2. 进行四手操作时破冠挺工作端用纱布进行保护后开始传递，防止锋利的工作端伤及工作人员。

【器械危险度分级】

中度危险口腔器械，应达到灭菌或高水平消毒水平。

三、排龈器（排龈线器）

【结构】

1. 排龈器（图1-5-7）由金属制作而成，包括工作端和柄部两部分。

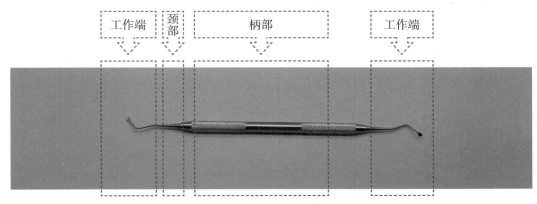

图1-5-7 排龈器

2．常用排龈器的长度约17cm，不同厂家的尺寸稍有差异。

3．根据工作端有无齿状结构，排龈器可分为有齿排龈器和无齿排龈器；根据工作端形状的不同，排龈器可分为圆头排龈器和半圆头排龈器。

【功能】

用于排龈时将排龈线推送于牙龈内，使预备牙体的龈边缘与牙龈之间形成间隙。

【四手操作中的应用】

1．握持（图1-5-8）。

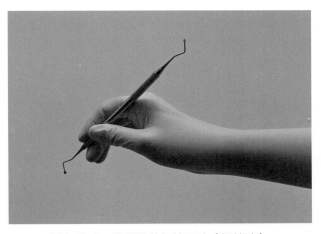

图1-5-8 排龈器的握持手法（握笔法）

（1）握笔法：用拇指、示指和中指握持排龈器柄部，中指放在下面做支点。

（2）改良握笔法：用拇指、示指、中指握持排龈器柄部，中指腹紧贴器械的颈部，其中示指的第二指关节弯曲，拇指、示指、中指构成一个三角形力点。

2．传递（图1-5-9）。

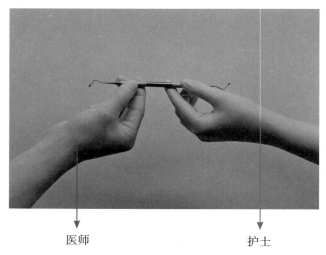

医师   护士

图1-5-9　排龈器的传递手法

（1）护士根据治疗的方式和器械的使用特点选择好工作端的指向，左手握持排龈器另一工作端与柄部交界的位置进行传递，需使用的工作端指向牙位。

（2）医师以拇指和示指握住排龈器要使用的工作端与柄部交界的位置，中指置于排龈器下面作为支点，准备操作。

【维护保养】

1．保持排龈器整体无锋棱、无毛刺、无裂纹及工作端的唇头齿清晰、完整。

2．勿在干燥状态下进行回收：排龈器使用后回收时宜保湿放置，保湿液可选择生活饮用水或酶类清洁剂，酶类清洁剂的浓度参照产品说明书进行配制。

【注意事项】

使用前必须对器械进行检查，以免因锈蚀、损坏而导致器械功能降低，失效器械不应继续使用。

【器械危险度分级】

高度危险口腔器械，应达到灭菌水平。

四、垂直距离尺

【结构】

1．垂直距离尺（图1-5-10）由金属制作而成，包括主尺、附尺和卡尺螺钉三部分。

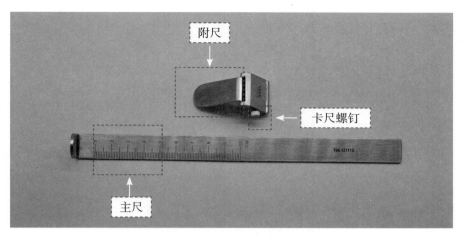

图1-5-10 垂直距离尺

2．常用垂直距离尺主尺长度约20cm，不同厂家的尺寸稍有差异。

【功能】

用于全口义齿确定𬌗位关系时，测量病人鼻底至颏下的高度（垂直距离）。

【四手操作中的应用】

1．握持（图1-5-11）。

图1-5-11 垂直距离尺的握持手法

（1）常用掌拇指法。

（2）将垂直距离尺握于手掌内，拇指以外的四指紧绕垂直距离尺主尺，拇指沿垂直距离尺主尺伸展作为支点。

2．传递（图1-5-12）。

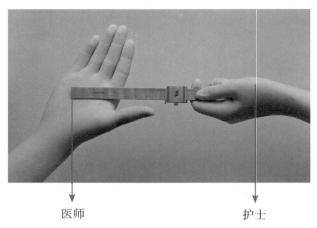

医师　　　　　　　　　护士

图1-5-12　垂直距离尺的传递手法

（1）护士以左手握持垂直距离尺主尺近弯曲部分1/3处进行传递，主尺弯曲部分指向病人鼻尖。

（2）医师展开右手手掌，接住垂直距离尺准备操作。

【维护保养】

1．保持主尺数字标识清晰。

2．勿摔扔、撞击、刮擦、击打垂直距离尺，避免主尺、附尺弯曲和变形。

【注意事项】

使用前注意检查主尺、附尺的精确度，注意检查卡尺螺钉是否有松脱现象。

【器械危险度分级】

中度危险口腔器械，应达到灭菌或高水平消毒水平。

五、金属/蜡厚度测量卡尺

【结构】

1．金属/蜡厚度测量卡尺（图1-5-13）由金属制作而成，包括刻度板、指针杆及工作端三部分。

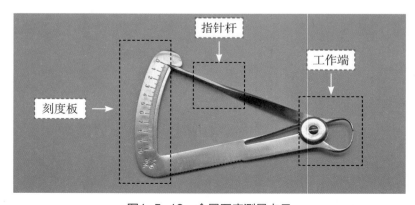

指针杆

工作端

刻度板

图1-5-13　金属厚度测量卡尺

2．金属/蜡厚度测量卡尺的尺寸根据厂家的设计不同而不同。

3．根据使用途径，厚度测量卡尺可分为金属厚度测量卡尺和蜡厚度测量卡尺，其区别在于刻度板前端测量卡尺的形状不同，金属厚度测量卡尺较尖细，蜡厚度测量卡尺较圆钝。

【功能】

金属厚度测量卡尺用于测量金属冠、嵌体等的厚度，蜡厚度测量卡尺用于测量蜡型厚度。

【四手操作中的应用】

1．握持（图1-5-14）。

图1-5-14　金属厚度测量卡尺的握持手法

（1）常用掌拇指法。

（2）将金属厚度测量卡尺握于手掌，拇指以外的四指紧绕指针杆，拇指沿卡尺刻度板与工作端连接方向伸展作为支点。

2．传递（图1-5-15）。

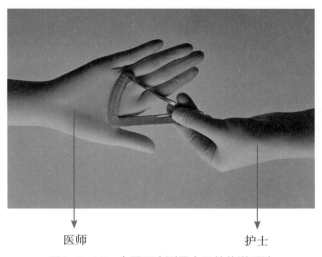

医师　　　　　　　　　　护士

图1-5-15　金属厚度测量卡尺的传递手法

（1）护士以左手拇指、示指和中指握持金属厚度测量卡尺指针杆和工作端接触的部分，无名指作为支点，准备传递。

（2）医师展开右手手掌，接住金属厚度测量卡尺准备操作。

【维护保养】

1．保持刻度板数字标识清晰。

2．勿摔扔、撞击、刮擦、击打金属厚度测量卡尺，避免卡尺弯曲、变形。

【注意事项】

使用前注意检查刻度板的精确度，注意检查工作端是否弯曲、损坏，注意检查固定螺钉是否有松脱现象。

【器械危险度分级】

低度危险口腔器械，应达到中水平或低水平消毒水平。

六、托盘

【结构】

1．托盘可由金属（铝或不锈钢）（图1-5-16）、塑料（图1-5-17）或者金属（不锈钢）联合塑料制成，包括体部和柄部两部分，体部又由基底和翼组成。

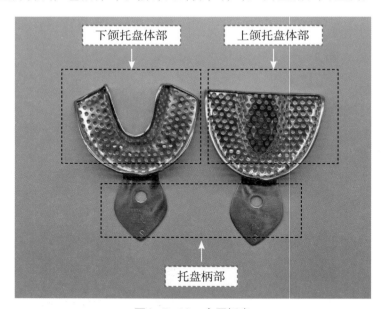

下颌托盘体部　　上颌托盘体部

托盘柄部

图1-5-16　金属托盘

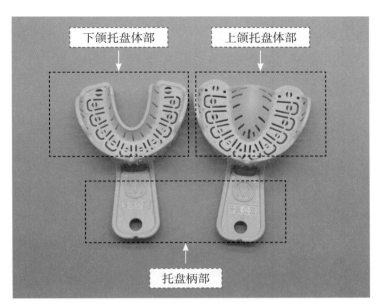

图1-5-17　塑料托盘

2. 按照厂家提供的参数，托盘可按数字或英文分成不同的型号，按数字分为1号、2号、3号和4号，其中1号托盘尺寸最大，2号次之，以此类推，4号最小；按英文分为XXL号、XL号、M号和S号，其中XXL号托盘尺寸最大，S号最小。

3. 托盘根据有无孔洞，分为有孔方底型托盘和无孔圆底型托盘；根据覆盖牙列情况，分为全牙列托盘和部分牙列托盘；根据制作方法，分为普通托盘和个别托盘；根据特殊取模的需要，分为可拆卸托盘和不可拆卸托盘。

【功能】

用于盛装印模材料，放入病人口内采集印模，其中托盘的体部用于盛放印模材料，柄部便于操作者握持使用。

【四手操作中的应用】

1. 握持（图1-5-18）。

图1-5-18　托盘的握持手法

（1）常用握笔法。

（2）主要握持托盘的手指是拇指、示指和中指，而无名指和小指常用来做支点。

2．传递（图1-5-19）。

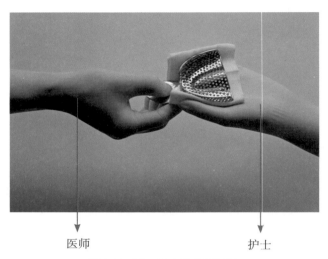

医师　　　　　　　　　　　护士

图1-5-19　托盘的传递手法

（1）护士一手手掌托住托盘，准备传递。

（2）医师以右手拇指和示指握住托盘柄部近体部的1/3处，中指置于托盘下面作为支点，准备操作。

【维护保养】

1．保持托盘边缘光滑、无毛刺、无破裂，托盘体部无严重擦毛和锋棱，有孔方底型托盘体部折弯处应无孔。

2．勿将未清洗干净的托盘进行消毒灭菌。

【注意事项】

1．托盘传递时采用避污方式。

2．采用托盘取模后，将印模封闭，转送至模型室进行模型灌注。

【器械危险度分级】

中度危险口腔器械，应达到灭菌或高水平消毒水平。

七、橡皮碗（调拌碗）

【结构】

1．橡皮碗（图1-5-20）由医用级聚氯乙烯（PVC）注塑而成。

图1-5-20　橡皮碗

2．橡皮碗可分为特大号、大号、中号和小号。不同厂家的尺寸稍有差异。特大号碗口直径约130mm，高82mm；小号碗口直径约90mm，高50mm。

【功能】

用于调拌藻酸盐印模材料或石膏粉。

【维护保养】

1．保持橡皮碗完整无破损。

2．勿长时间暴露于阳光和热源中，以防老化。

【器械危险度分级】

低度危险口腔器械，应达到低水平或中水平消毒水平。

八、调拌刀

【结构】

1．调拌刀（图1-5-21）可由金属，或者金属联合木头，或者金属联合塑料制作而成，包括工作端和柄部两部分。工作端为全金属刀面，柄部为金属、木质或塑料制成。

工作端　　　　柄部

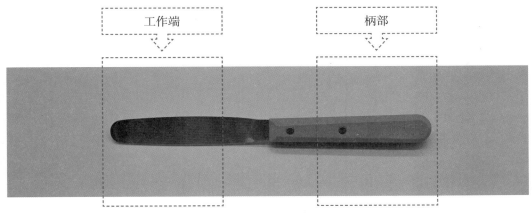

图1-5-21　调拌刀

2．调拌刀长度约195mm，柄部长约100mm，工作端长约95mm。不同厂家的尺寸稍有差异。

【功能】

用于调拌藻酸盐印模材料或石膏粉。

【维护保养】

1．保持调拌刀刀面光滑、刀柄无破裂。

2．勿摔扔、撞击、刮擦、击打调拌刀，避免调拌刀工作端变形及柄部破损。

【器械危险度分级】

低度危险口腔器械，应达到低水平或中水平消毒水平。

九、雕刻刀

【结构】

1．雕刻刀（图1-5-22）由金属制作而成，包括工作端和柄部两部分，两端为工作端，为平行弧面样雕刻刀面，中间为手持柄部。

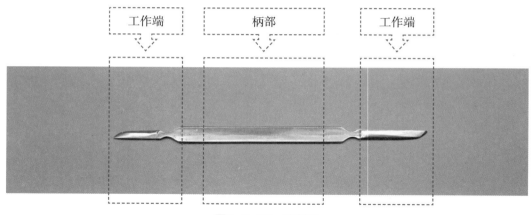

图1-5-22　雕刻刀

2．雕刻刀的尺寸根据厂家的设计不同而不同。

【功能】

用于蜡片切割及蜡型雕刻。

【维护保养】

1．保持雕刻刀整体无锈蚀、无毛刺、无裂纹。

2．勿使用和雕刻刀不相容的清洁剂或者消毒剂及消毒方式，使用何种消毒方式需参照产品说明书和工艺变量。

【注意事项】

1．雕刻刀在使用前、使用中、使用后要注意保护工作端头部不受损坏。

2．保持工作端光滑，因其薄而窄，使用时不可用力过猛，避免改变其外形。

【器械危险度分级】

低度危险口腔器械，应达到低水平或中水平消毒水平。

十、大蜡刀

【结构】

1. 大蜡刀（图1-5-23）由金属制作而成，包括工作端和柄部两部分。两端为工作端，根据设计不同形状也不同，可有长梯形蜡刀头、菱形蜡刀头、勺状蜡刀头、斧头状蜡刀头等；中间为手持柄部。

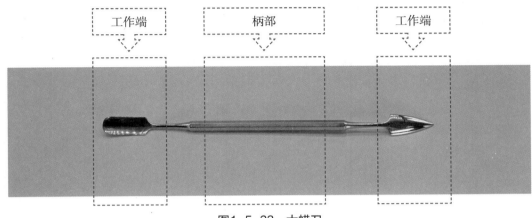

图1-5-23 大蜡刀

2. 大蜡刀的尺寸根据厂家的设计不同而不同。

【功能】

大蜡刀被烤热后用于𬌗位记录时制作𬌗堤、排列人工牙及制作义齿蜡型。

【维护保养】

1. 保持大蜡刀整体无锈蚀、无毛刺、无裂纹。

2. 勿使用和大蜡刀不相容的清洁剂或者消毒剂及消毒方式，使用何种消毒方式需参照产品说明书和工艺变量。

【注意事项】

1. 大蜡刀在使用前、使用中、使用后要注意保护工作端不受损坏。

2. 保持工作端光滑，因其薄而窄，使用时不可用力过猛，避免改变其外形。

【器械危险度分级】

低度危险口腔器械，应达到低水平或中水平消毒水平。

十一、小蜡刀（柳叶蜡刀）

【结构】

1. 小蜡刀（图1-5-24）由不锈钢制作而成，包括工作端和柄部两部分。两端为工作端，形状根据设计不同而不同，一种为两端呈柳叶状；另一种为一端呈柳叶状，一端为勺状。中间为手持柄部。

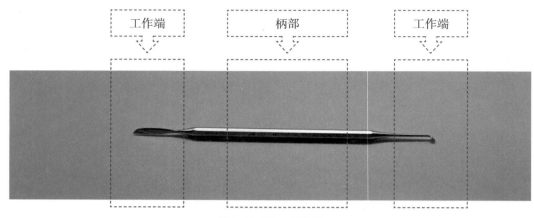

图1-5-24　小蜡刀

2. 小蜡刀的尺寸根据厂家的设计不同而不同。

【功能】

小蜡刀烤热后可用于制作桩核及嵌体、冠桥蜡型。

【维护保养】

1. 保持小蜡刀整体无锈蚀、无毛刺、无裂纹。

2. 勿使用和小蜡刀不相容的清洁剂或者消毒剂及消毒方式，使用何种消毒方式需参照产品说明书和工艺变量。

【注意事项】

1. 小蜡刀在使用前、使用中、使用后要注意保护工作端不受损坏。

2. 保持工作端光滑，因其薄而窄，使用时不可用力过猛，避免改变其外形。

【器械危险度分级】

低度危险口腔器械，应达到低水平或中水平消毒水平。

十二、技工钳

【结构】

1. 技工钳（图1-5-25）由金属制作而成，包括工作端和柄部两部分。工作端为不锈钢制作而成的钳口，柄部为不锈钢制作而成的钳柄。

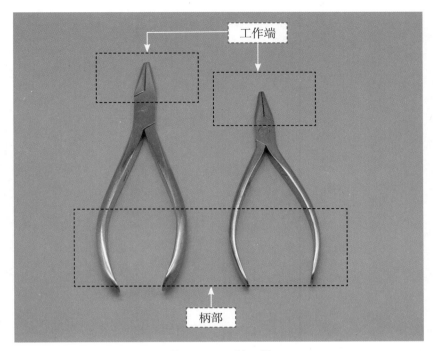

图1-5-25　技工钳

2. 技工钳的尺寸根据厂家的设计不同而不同。

3. 口腔修复常用技工钳根据钳口形状的不同分为切断钳、三头钳、长臂钳、日月钳等。

【功能】

用于可摘局部义齿及各类矫治器制作的钢丝、卡环的切断、成型和弯制等。

【维护保养】

1. 保持技工钳完整、无锈蚀等。

2. 勿使用和技工钳不相容的清洁剂或者消毒剂及消毒方式，使用何种消毒方式需参照产品说明书和工艺变量。

【注意事项】

1. 根据操作需要，按技工钳的功能进行选择。

2. 使用后保护工作端。

【器械危险度分级】

低度危险口腔器械，应达到低水平或中水平消毒水平。

十三、金刚砂车针

【结构】

1. 金刚砂车针（图1-5-26）由不锈钢和金刚砂组成，包括工作端和柄部两部分。工作端是在不锈钢上电镀天然金刚砂砂粒，柄部是不锈钢。

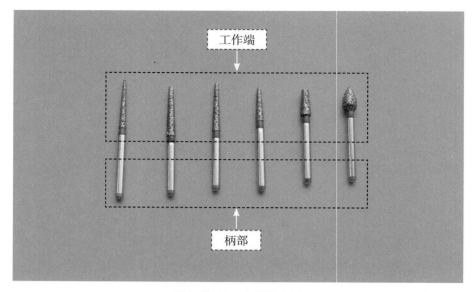

图1-5-26　金刚砂车针

2. 金刚砂车针根据工作端金刚砂砂粒的大小分为特粗（151～213μm，黑色色码）、粗（107～181μm，绿色色码）、中等（64～126μm，蓝色色码）、细（27～76μm，红色色码）、特细（10～36μm，黄色色码）和超细（4～14μm，白色色码）。

3. 金刚砂车针按照功能分为高速和低速；按照长短分为标准、短柄和超短柄；按照工作端的形状分为圆球型、紧口圆球型、倒锥型、紧口倒锥型、轮型、紧口轮型、平头圆柱型、平头锥型、圆头柱型、圆头锥型、尖头圆柱型、倒截锥型、圆头倒锥型和凸头圆边倒锥型。

【功能】

金刚砂车针装配在高速牙科手机上，可用于基牙预备、调𬌗，固定义齿调磨等。

【维护保养】

1. 保持金刚砂车针完整、柄部无弯曲等。

2. 勿在干燥状态下进行回收：金刚砂车针使用后回收时宜保湿放置，保湿液可选择生活饮用水或酶类清洁剂，酶类清洁剂的浓度参照产品说明书进行配制。

【注意事项】

1. 使用前必须对金刚砂车针进行检查，以免因锈蚀、损坏而导致其功能降低。

2. 使用时操作者需做好防护措施，如戴手套、外科口罩、护目用具。

3. 使用时不能在金刚砂车针上施加过大的力，移除金刚砂车针时不宜角度过大，以防卡住或者破损。

【器械危险度分级】

高度危险口腔器械，应达到灭菌水平。

十四、磨石钻（砂石针）

【结构】

1. 磨石钻（图1-5-27）由不锈钢和砂石组成，包括工作端和柄部两部分，工作端是在不锈钢上电镀砂石，柄部是不锈钢。

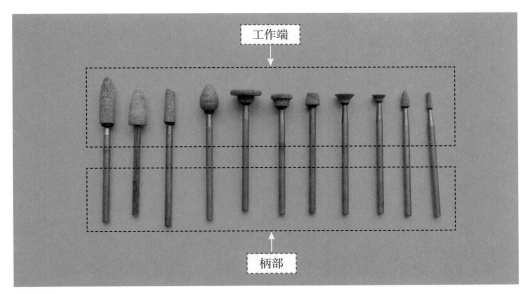

图1-5-27　磨石钻

2. 磨石钻的尺寸根据厂家的设计不同而不同。

3. 常用的磨石钻根据工作端砂石形状的不同分为大磨头（青果石）、小磨头、柱型石、刃状石、轮型石等。

【功能】

磨石钻装配在低速牙科手机上，可用于研磨牙釉质、烤瓷、光固化树脂、金属合金和银汞合金。

【维护保养】

1. 保持磨石钻完整、柄部无弯曲。

2. 勿在干燥状态下进行回收：磨石钻使用后回收时宜保湿放置，保湿液可选择生活饮用水或酶类清洁剂，酶类清洁剂的浓度参照产品说明书进行配制。

【注意事项】

1. 使用前必须对磨石钻进行检查，以免因锈蚀、损坏而导致功能降低。

2. 使用时操作者需做好防护措施，如戴手套、外科口罩、护目用具。

3. 磨石钻不能用于烤瓷底层冠的研磨和调改。

4. 磨石钻柄部金属可能不耐高温高压，且可在技师制作义齿和医师诊室操作等不同环节使用，故需根据工艺变量选择消毒方法。

【器械危险度分级】

低度危险口腔器械，应达到低水平或中水平消毒水平。

十五、抛光器械

【结构】

1. 抛光器械（图1-5-28）由金属和橡皮、金属和塑料，或金属和羊毛等材料制成，包括工作端和柄部两部分，工作端为抛光部分，柄部是金属，有栓口装置与低速牙科手机相接。

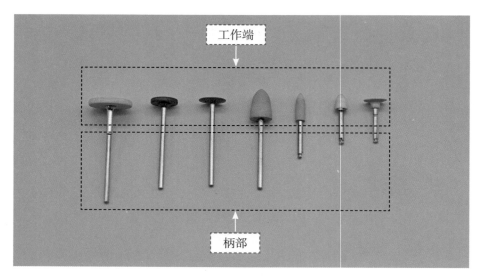

工作端

柄部

图1-5-28　抛光器械

2. 抛光器械的尺寸根据厂家的设计不同而不同。

3. 抛光器械按头部形状可分为盘状、碟状、圆锥状等，根据材料不同可分为橡皮、塑料、羊毛等抛光器械。

【功能】

洁治术、刮治术后打磨、抛光牙面；树脂充填后去除多余粘结剂，抛光树脂表面；整形、精磨和抛光陶瓷、金属修复体表面。

【维护保养】

1. 保持抛光器械完整、柄部无弯曲。

2. 勿使用和抛光器械不相容的清洁剂或者消毒剂及消毒方式，以免影响抛光效果，使用何种消毒方式需参照产品说明书和工艺变量。

【注意事项】

1. 使用前必须对抛光器械进行检查，以免因锈蚀、损坏而导致其功能降低。

2. 用于陶瓷修复体表面抛光的抛光器械主要含有硅化物、氧化铝、金刚砂颗粒等，使用时推荐使用护目镜。

【器械危险度分级】

1. 口内使用的抛光器械属于中度危险口腔器械，应达到灭菌或高水平消毒水平。

2. 口外使用的抛光器械属于低度危险口腔器械，应达到低水平或中水平消毒水平。

十六、比色板

【结构】

1. 比色板（图1-5-29）由陶瓷或玻璃制成，由能基本代表天然牙颜色色调、饱和度和亮度的标准牙面和规则排列的凹穴组成。

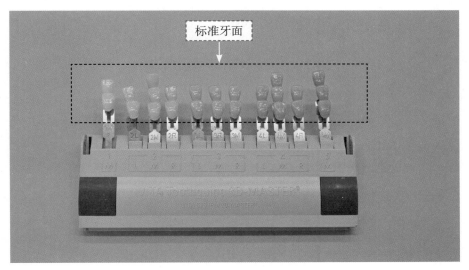

标准牙面

图1-5-29　比色板

2. 比色板的尺寸和种类根据厂家设计及其所包含的牙颜色的数量不同而不同。

【功能】

用于为永久固定修复体选择与口内余留牙协调一致的颜色，以及为活动义齿选择颜色。

【维护保养】

1. 保持比色板的完整，防止重物锤击、掉落或丢失。

2. 勿使用和比色板不相容的清洁剂或者消毒剂及消毒方式，使用何种消毒方式需参照产品说明书和工艺变量。

【器械危险度分级】

低度危险口腔器械，应达到低水平或中水平消毒水平。

十七、咬合纸夹持器（咬合纸镊）

【结构】

1. 咬合纸夹持器（图1-5-30）由金属或塑料制作而成，包括工作端和柄部两部分。

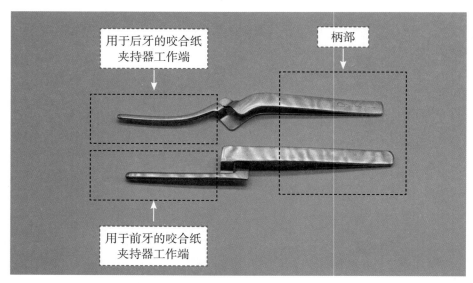

图1-5-30　咬合纸夹持器

2．咬合纸夹持器的尺寸根据厂家的设计不同而不同。

3．咬合纸夹持器根据工作端的形状不同分为直形和弯形，直形用于前牙，弯形用于后牙。

【功能】

用于夹持咬合纸放置于口内相应位置，检查正中咬合关系和侧方咬合关系。

【维护保养】

1．保持咬合纸夹持器整体光滑，无锋棱、毛刺和裂缝。

2．勿使用和金属咬合纸夹持器不相容的清洁剂或者消毒剂及消毒方式，使用何种消毒方式需参照产品说明书和工艺变量；一次性的咬合纸夹持器用后应丢弃，一次性使用。

【器械危险度分级】

中度危险口腔器械，应达到灭菌或高水平消毒水平。

第六节　口腔种植常用器械

一、骨挤压器

【结构】

1．骨挤压器由不锈钢制作而成，分为工作端、手柄两部分，工作端有挤压的刻度，最小的刻度为6mm，中间每隔2mm为一刻度，最大的刻度为14mm，工作端为凸面。

2．骨挤压器手柄有直柄（图1-6-1）和弯柄（图1-6-2）两种，前牙区选用直柄骨挤压器；后牙区选用弯柄骨挤压器，可以很好地传导力的大小，病人不用大张口即可获得理想方向。

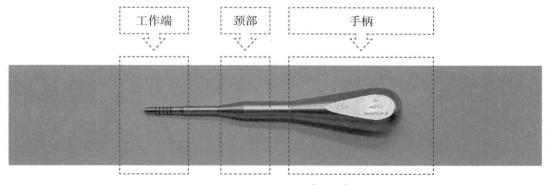

图1-6-1　骨挤压器（直柄）

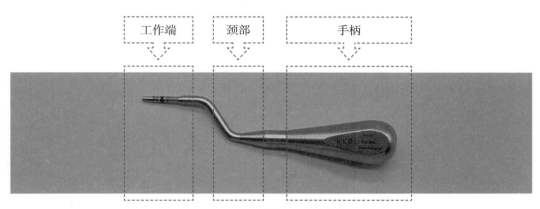

图1-6-2　骨挤压器（弯柄）

3. 有不同的尺寸，常见的骨挤压器的工作端直径有2.8mm、3.5mm、4.2mm（图1-6-3）。

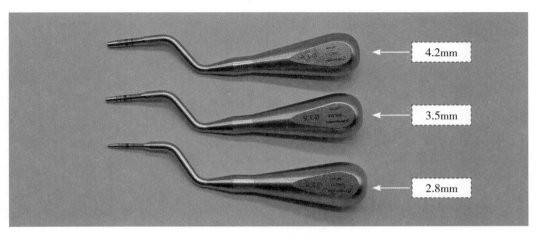

图1-6-3　不同直径的骨挤压器

【功能】

用于骨挤压术：骨挤压器与骨锤联合使用，挤压手术区的低密度牙槽骨，提高牙槽骨密度，进而提高种植体初期稳定性。

【四手操作中的应用】

1. 握持（图1-6-4）。

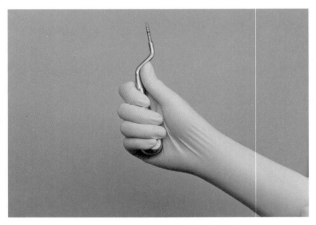

图1-6-4　骨挤压器的握持手法

（1）常用掌拇指法。

（2）将骨挤压器握于手掌内，拇指以外的四指紧绕骨挤压器手柄，拇指指向工作端沿骨挤压器手柄伸展作为支点。

2. 传递（图1-6-5）。

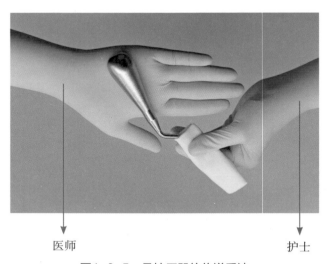

医师　　　　　　　　　　　　　　护士

图1-6-5　骨挤压器的传递手法

（1）护士以左手握持骨挤压器颈部近工作端的1/3处，准备传递。

（2）医师接过器械后，握住骨挤压器手柄，准备操作。

【维护保养】

1. 保持骨挤压器表面光洁，保持工作端圆钝，刻度清晰、完整，磨损时及时更换。

2. 勿将工作端刻度不清的骨挤压器反复灭菌使用。因工作端刻度不清，可能造成临床医师数据误读，从而导致术中牙槽骨断裂等。

【注意事项】

1. 术前与病人做好解释工作：用骨挤压器敲击过程中，由于骨传导，病人震动感较强，可能会产生畏惧，医师术前应与病人做好解释工作。

2. 前牙区选用直柄骨挤压器，后牙区选用弯柄骨挤压器，可以很好地传导力的大小，容易控制方向，同时在敲击时可以避免碰伤前牙。

3. 由于骨挤压器有不同的直径，使用时应遵守直径从小到大的逐级操作原则，防止牙槽骨断裂。

4. 在挤压过程中为避免阻力较大、产热过高，需及时用预冷的生理盐水冲洗。

5. 骨挤压器的工作端为凸面，手柄直径较大，临床使用中需注意与骨提升器相区分。

【器械危险度分级】

高度危险口腔器械，应达到灭菌水平。

二、骨提升器

【结构】

1. 骨提升器（图1-6-6）由不锈钢制作而成，分为工作端、手柄两部分，工作端有提升的刻度，最小的刻度为6mm，中间每隔2mm为一刻度，最大的刻度为14mm，工作端呈凹面。

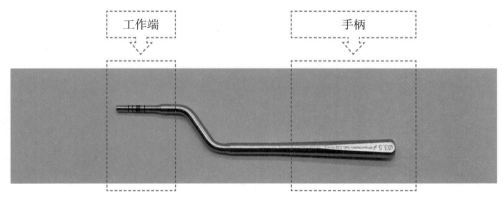

图1-6-6　骨提升器

2. 骨提升器有不同的尺寸，常见的骨提升器的工作端直径有2.8mm、3.5mm、4.2mm（图1-6-7）。

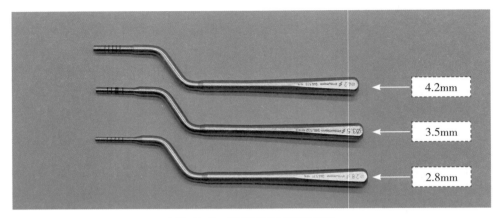

图1-6-7　不同直径的骨提升器

【功能】

用于上颌窦内提升术：骨提升器与骨锤联合使用，将上颌窦黏膜从窦底剥离后抬高，在窦底黏膜与窦底骨之间植入骨替代材料，可有效增加骨的高度，从而使种植手术成为可能。

【四手操作中的应用】

1. 握持（图1-6-8）。

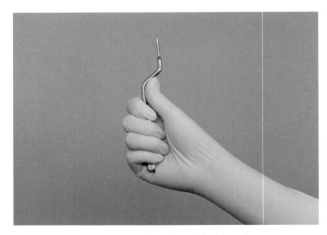

图1-6-8　骨提升器的握持手法

（1）常用掌拇指法。

（2）将骨提升器握于手掌内，拇指以外的四指紧绕骨提升器手柄，拇指指向工作端沿骨提升器手柄伸展作为支点。

2. 传递（图1-6-9）。

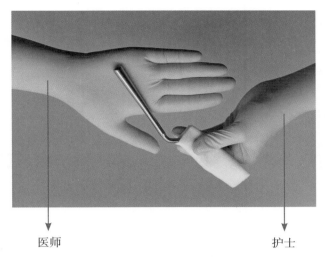

医师   护士

图1-6-9 骨提升器的传递手法

（1）护士以左手握持骨提升器颈部近工作端的1/3处，准备传递。

（2）医师接过器械后，握住骨提升器手柄，准备操作。

【维护保养】

1．保持骨提升器工作端圆钝、表面光洁、刻度清晰，磨损时及时更换。

2．勿将工作端刻度不清的骨提升器反复灭菌使用。因工作端刻度不清，可能造成临床医师数据误读，从而导致术中上颌窦黏膜穿孔等。

【注意事项】

1．术前与病人做好解释工作。

2．使用骨提升器进行上颌窦内提升完毕后，轻轻转动，沿原路退出骨提升器，不要晃动。

3．骨提升器敲击时，要求敲击力度适中，准确控制方向。

4．由于骨提升器有不同的直径，使用时应遵守直径从小到大的逐级操作原则，防止上颌窦黏膜穿孔。

5．骨提升器的工作端为凹面，手柄直径较小，临床使用中注意与骨挤压器相区分。

【器械危险度分级】

高度危险口腔器械，应达到灭菌水平。

三、舌和颊牵开器

【结构】

1．舌和颊牵开器（图1-6-10）由不锈钢制作而成，分为工作端和手柄，整体呈波浪状。

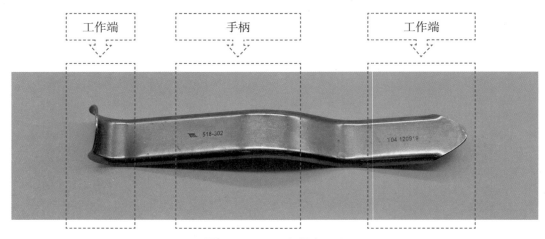

图1-6-10　舌和颊牵开器

2．舌和颊牵开器工作端较宽，降低了口角损伤的概率，减小了器械在口内的不适感。同时舌和颊牵开器手柄较宽，医师可以用全手掌将其握住，更容易用力，不易疲劳。

【功能】

1．牵拉软组织：舌和颊牵开器可推拉颊、舌及唇部等，保持口腔视野清晰。

2．固定组织瓣：舌和颊牵开器放置在组织瓣与骨面之间，可有效地将组织瓣固定，从而更好地暴露术区骨面，为手术的顺利进行提供良好的基础。

【四手操作中的应用】

1．握持（图1-6-11）。

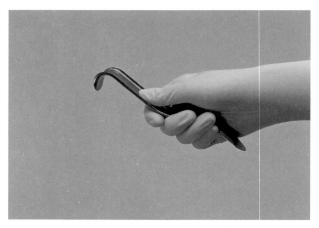

图1-6-11　舌和颊牵开器的握持手法

（1）常用掌拇指法。

（2）掌心握住舌和颊牵开器的手柄，示指固定在手柄上，拇指伸直，牵拉口腔软组织等。

2．传递（图1-6-12）。

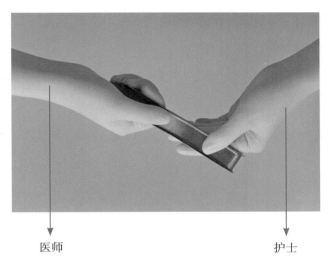

医师　　　　　　　　　　　　　　　护士

图1-6-12　舌和颊牵开器的传递手法

（1）护士以左手握持舌和颊牵开器手柄近工作端的1/3处，准备传递。

（2）医师接过器械后以右手拇指和示指握住手柄近非工作端的1/3处，中指置于舌和颊牵开器下面作为支点，准备操作。

（3）护士根据治疗的方式、舌和颊牵开器的使用特点选择好工作端的指向进行传递。

【维护保养】

1. 保持舌和颊牵开器外表光洁，无锋棱、毛刺、裂纹，无缺损现象。

2. 勿将有毛刺或裂纹的舌和颊牵开器灭菌后重复使用，以免在牵拉口角或黏膜时引起刮伤。

【注意事项】

避免舌和颊牵开器边缘压迫牙龈，使病人产生不适或疼痛。

【器械危险度分级】

高度危险口腔器械，应达到灭菌水平。

四、骨粉输送器

【结构】

1. 骨粉输送器（图1-6-13）由不锈钢制作而成，分为工作端和手柄。

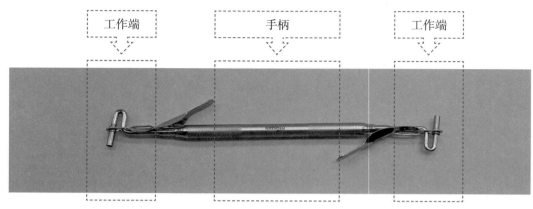

图1-6-13 骨粉输送器

2．两个工作端直径不同，医师可根据需要选择。

【功能】

输送骨粉：使用骨粉输送器将骨粉输送到植骨的区域，保证黏膜不受损伤，同时也可避免植骨过程中植骨材料污染引起的术后感染。

【四手操作中的应用】

1．握持（图1-6-14）。

图1-6-14 骨粉输送器的握持手法

（1）常用握笔法。

（2）拇指、示指和中指握持骨粉输送器手柄，而无名指和小指用作支点。

2．传递（图1-6-15）。

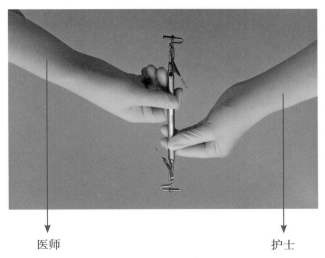

医师   护士

图1-6-15　骨粉输送器的传递手法

（1）护士以左手握持骨粉输送器手柄近非工作端的1/3处平行传递，另一工作端指向治疗牙位，准备传递。

（2）医师接过器械后以右手拇指和示指握住手柄近工作端的1/3处，中指置于骨粉输送器下面作为支点，准备操作。

（3）护士根据治疗的方式、骨粉输送器的使用特点选择好工作端的指向进行传递。

【维护保养】

1. 保持外表面无锋棱、毛刺、裂纹，磨损时及时更换。

2. 勿浸泡于盐水（如氯化钠溶液）中，长期接触会导致骨粉输送器腐蚀。

【注意事项】

1. 使用之前注意检查骨粉输送器的完整性，有无缺损和腐蚀。

2. 在使用手动骨粉输送器推送骨粉时，注意避免损伤上颌窦黏膜。

【器械危险度分级】

高度危险口腔器械，应达到灭菌水平。

第七节　正畸科常用器械

一、末端切断钳

【结构】

1. 末端切断钳（图1-7-1）由不锈钢和合金构成，分为钳喙、关节和钳柄三部分。

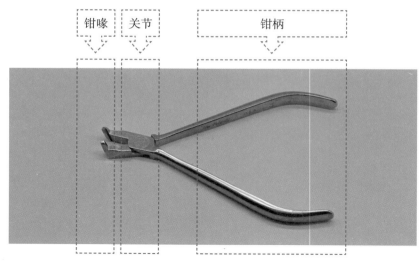

钳喙　关节　钳柄

图1-7-1　末端切断钳

2. 末端切断钳工作端（图1-7-2）固定有夹持臂，其内侧有凹槽，凹槽内设有合金刀头。

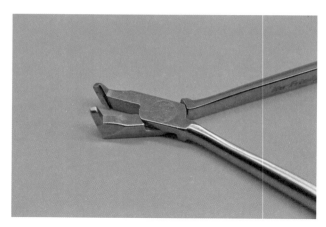

图1-7-2　末端切断钳工作端

【功能】

切断弓丝：末端切断钳可用于切断超过颊面管的末端弓丝，所切断的末端弓丝被夹持在钳喙内，不会弹射伤及口腔黏膜。

【四手操作中的应用】

1. 握持（图1-7-3）。

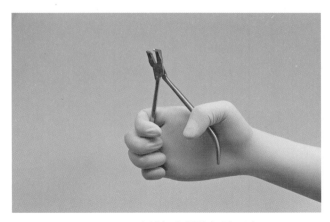

图1-7-3　末端切断钳的握持手法

（1）常用掌握法。

（2）将钳柄置于右手手掌，拇指握住一侧钳柄，其余四指握住另一侧钳柄。

2．传递（图1-7-4）。

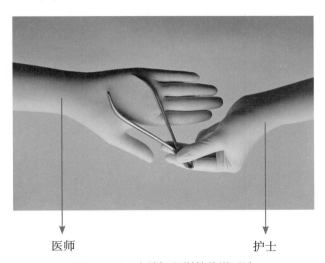

医师　　　　　　　　　　　　　　　护士

图1-7-4　末端切断钳的传递手法

（1）护士以左手握持末端切断钳的关节处，将钳柄放于医师掌内，准备传递。

（2）医师接过器械后，将末端切断钳握于掌内，示指握于一侧钳柄近关节处，拇指固定于另一侧钳柄，其余三指随示指紧握钳柄，准备操作。

【维护保养】

1．保持工作端外表光滑，无锋棱、毛刺、裂纹，磨损时及时更换。

2．勿接触腐蚀性液体，避免工作端精度受损，影响正常使用。

【注意事项】

1．使用前、使用中、使用后应注意保护工作端，轻拿轻放，避免失手掉落及磕碰。

2．使用前检查功能是否正常。

3．末端切断钳最大限度可用于切断0.021英寸×0.025英寸（0.533mm×0.635mm）

高弹丝和镍钛丝，最低限度可用于切断0.016英寸×0.016英寸（0.406mm×0.406mm）麻花丝和0.014英寸（0.356mm）镍钛丝。

【器械危险度分级】

中度危险口腔器械，应达到灭菌或高水平消毒水平。

二、细丝切断钳

【结构】

1. 细丝切断钳（图1-7-5）由不锈钢和合金制作而成，分为钳喙、关节和钳柄三部分。

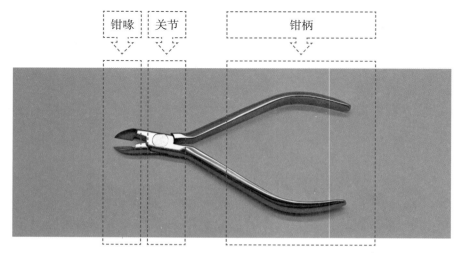

图1-7-5 细丝切断钳

2. 细丝切断钳工作端（图1-7-6）的刃口薄且锋利。

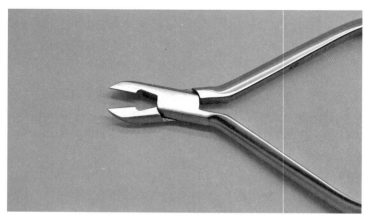

图1-7-6 细丝切断钳工作端

【功能】

切断：细丝切断钳可用于结扎丝的切断。

【四手操作中的应用】
1. 握持（图1-7-7）。

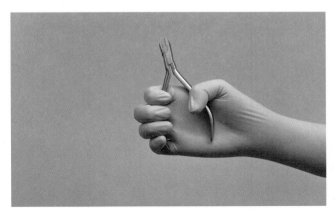

图1-7-7 细丝切断钳的握持手法

（1）常用掌握法。
（2）将钳柄置于右手手掌，拇指握住一侧钳柄，其余四指握住另一侧钳柄。
2. 传递（图1-7-8）。

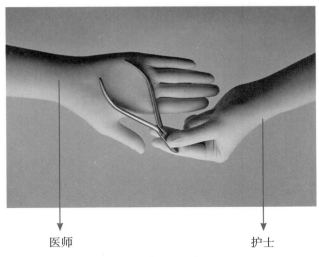

医师　　　　　　　　　　　　　　护士

图1-7-8 细丝切断钳的传递手法

（1）护士以左手握持细丝切断钳的关节处，将钳柄放于医师掌内，准备传递。
（2）医师接过器械后，将细丝切断钳握于掌内，示指握于一侧钳柄近关节处，拇指固定于另一侧钳柄，其余三指随示指紧握钳柄，准备操作。
【维护保养】
1. 保持细丝切断钳工作端外表光滑，无锋棱、毛刺、裂纹，磨损时及时更换。
2. 勿接触腐蚀性液体，避免工作端精度受损，影响正常使用。
【注意事项】
1. 使用前、使用中、使用后应注意轻拿轻放，保护工作端，避免失手掉落及磕碰。

2．细丝切断钳最大限度适用于直径0.020英寸（0.508mm）的钢丝。

【器械危险度分级】

中度危险口腔器械，应达到灭菌或高水平消毒水平。

三、托槽去除钳

【结构】

1．托槽去除钳（图1-7-9、图1-7-10）由不锈钢材料制成，分为钳喙、关节和钳柄三部分。

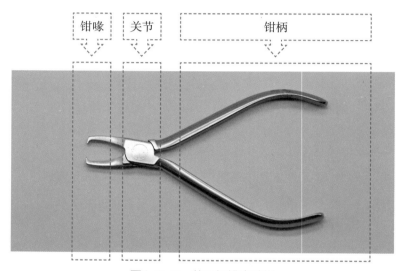

图1-7-9　前牙托槽去除钳

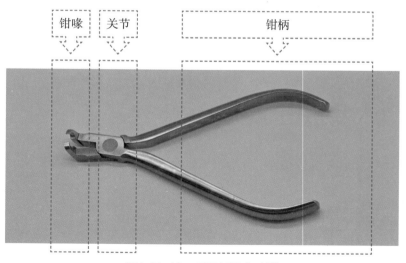

图1-7-10　后牙托槽去除钳

2．托槽去除钳按照使用部位分为前牙托槽去除钳和后牙托槽去除钳两种。

3. 前牙托槽去除钳工作端（图1-7-11）由具有斜行开口的刃端组成，后牙托槽去除钳工作端（图1-7-12）由具有圆形开口的刃端组成。

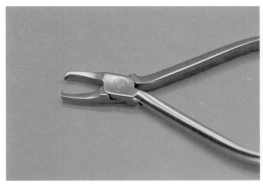
图1-7-11 前牙托槽去除钳工作端

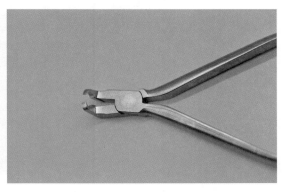
图1-7-12 后牙托槽去除钳工作端

【功能】

去除托槽：托槽去除钳可用于去除各种粘接于牙面的托槽，避免过多的牙釉质损伤。

【四手操作中的应用】

1. 握持（图1-7-13）。

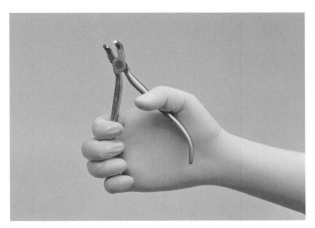
图1-7-13 托槽去除钳的握持手法

（1）常用掌握法。

（2）将钳柄置于右手手掌，拇指握住一侧钳柄，其余四指握住另一侧钳柄。

2. 传递（图1-7-14）。

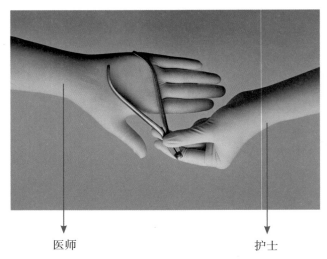

医师　　　　护士

图1-7-14　托槽去除钳的传递手法

（1）护士以左手握持托槽去除钳的关节处，将钳柄放于医师掌内，准备传递。

（2）医师接过器械后，将托槽去除钳握于掌内，示指握于一侧钳柄近关节处，拇指固定于另一侧钳柄，其余三指随示指紧握钳柄，准备操作。

【维护保养】

1. 保持托槽去除钳工作端外表光滑，无锋棱、毛刺、裂纹，磨损时及时更换。

2. 勿接触腐蚀性液体，避免工作端精度受损，影响正常使用。

3. 使用后应及时处理工作端残余的粘结剂。

【注意事项】

1. 使用前、使用中、使用后应注意轻拿轻放，保护工作端，避免掉落及磕碰。

2. 后牙托槽去除钳的钳喙能够快速准确定位到后牙托槽位置，避免前牙阻挡操作。

3. 避免前牙托槽去除钳及后牙托槽去除钳混用，以防工作端因不恰当使用而过度磨损，从而影响操作质量和减少使用寿命。

【器械危险度分级】

中度危险口腔器械，应达到灭菌或高水平消毒水平。

四、带环去除钳

【结构】

带环去除钳（图1-7-15）主要由不锈钢和合金制成，分为钳喙、关节和钳柄三部分，钳喙有部分材料为塑料。

钳喙　　关节　　　　　钳柄

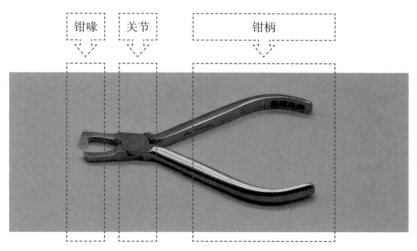

图1-7-15　带环去除钳

【功能】
拆除带环：带环去除钳可用于从牙齿上拆除正畸带环。
【四手操作中的应用】
1. 握持（图1-7-16）。

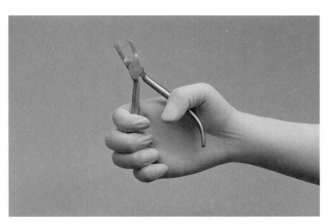

图1-7-16　带环去除钳的握持手法

（1）常用掌握法。
（2）将钳柄置于右手手掌，拇指握住一侧钳柄，其余四指握住另一侧钳柄。
2. 传递（图1-7-17）。

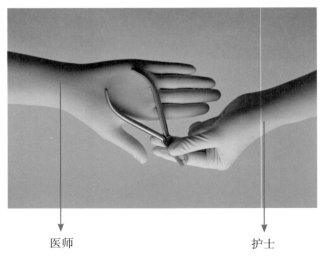

医师   护士

图1-7-17 带环去除钳的传递手法

（1）护士以左手握持带环去除钳的关节处，将钳柄放于医师掌内，准备传递。

（2）医师接过器械后，将带环去除钳握于掌内，示指握于一侧钳柄近关节处，拇指固定于另一侧钳柄，其余三指随示指紧握钳柄，准备操作。

【维护保养】

1. 保持工作端外表光滑，无锋棱、毛刺、裂纹，磨损时及时更换。

2. 勿接触腐蚀性液体，避免工作端精度受损，影响正常使用。

3. 使用后应及时处理工作端残余的粘结剂。

【注意事项】

1. 使用前、使用中、使用后应注意轻拿轻放，保护工作端，避免掉落及磕碰。

2. 带环去除钳仅用于去除正畸带环，勿做他用，避免损伤或损坏钳喙非金属部分。

【器械危险度分级】

中度危险口腔器械，应达到灭菌或高水平消毒水平。

五、转矩成型钳（方丝转矩钳）

【结构】

转矩成型钳（图1-7-18）由不锈钢及合金制成，分为钳喙、关节和钳柄。

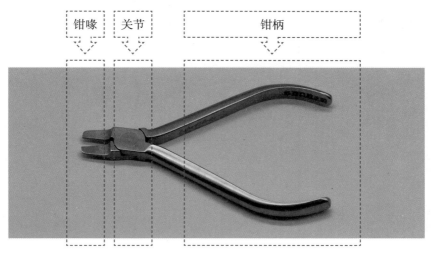

图1-7-18　转矩成型钳

【功能】
弯制弓丝：用于正畸方丝弓形第三序列弯曲的弯制、调整和检查，通常成对使用。
【四手操作中的应用】
1. 握持（图1-7-19）。

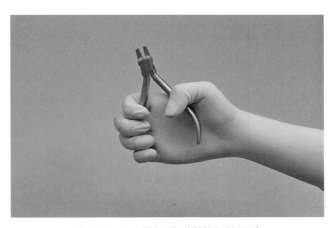

图1-7-19　转矩成型钳的握持手法

（1）常用掌握法。
（2）将钳柄置于右手手掌，拇指握住一侧钳柄，其余四指握住另一侧钳柄。
2. 传递（图1-7-20）。

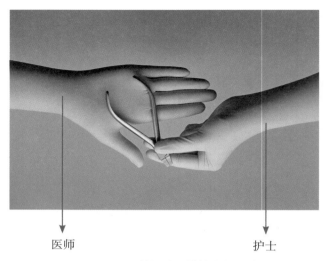

医师　　　　　　　　　　　　护士

图1-7-20　转矩成型钳的传递手法

（1）护士以左手握持转矩成型钳的关节处，将钳柄放于医师掌内，准备传递。

（2）医师接过转矩成型钳后，将其握于掌内，示指握于一侧钳柄近关节处，拇指固定于另一侧钳柄，其余三指随示指紧握钳柄，准备操作。

【维护保养】

1．保持转矩成型钳工作端外表光滑，无锋棱、毛刺、裂纹，磨损时及时更换。

2．勿接触腐蚀性液体，避免工作端精度受损，影响正常使用。

【注意事项】

1．使用前、使用中、使用后应注意轻拿轻放，保护工作端，避免掉落及磕碰。

2．在方丝弯制过程中常用1～2把转矩成型钳进行转矩弯制，应询问医师使用要求，提前做好用物准备。

3．转矩成型钳弯制方丝尺寸不超过0.56mm×0.71mm。

【器械危险度分级】

中度危险口腔器械，应达到灭菌或高水平消毒水平。

六、游离牵引钩钳

【结构】

1．游离牵引钩钳（图1-7-21）由不锈钢及合金制成，分为钳喙、关节和钳柄。

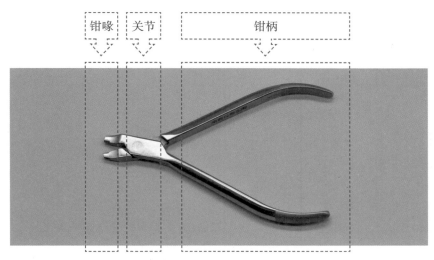

图1-7-21　游离牵引钩钳

2. 游离牵引钩钳工作端（图1-7-22）设有牵引钩置入槽。

图1-7-22　游离牵引钩钳工作端

【功能】

锁定牵引钩：游离牵引钩钳可将游离牵引钩锁定于弓丝的相应位置。

【四手操作中的应用】

1. 握持（图1-7-23）。

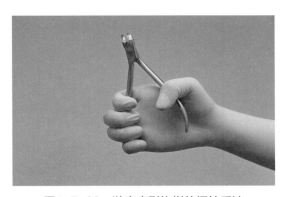

图1-7-23　游离牵引钩钳的握持手法

（1）常用掌握法。

（2）将钳柄置于右手手掌，拇指握住一侧钳柄，其余四指握住另一侧钳柄。

2．传递（图1-7-24）。

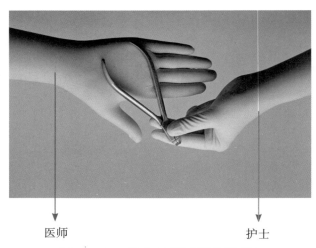

图1-7-24　游离牵引钩钳的传递手法

（1）护士以左手握持游离牵引钩钳的关节处，将钳柄放于医师掌内，准备传递。

（2）医师接过游离牵引钩钳后，将其握于掌内，示指握于一侧钳柄近关节处，拇指固定于另一侧钳柄，其余三指随示指紧握钳柄，准备操作。

【维护保养】

1．保持游离牵引钩钳工作端外表光滑，无锋棱、毛刺、裂纹，磨损时及时更换。

2．勿接触腐蚀性液体，避免工作端精度受损，影响正常使用。

3．使用前应检查工作端牵引钩置入槽处是否有弯曲变形，如出现弯曲变形、裂痕等安全隐患，应及时报废处理。

【注意事项】

1．使用前、使用中、使用后应注意轻拿轻放，保护工作端，避免掉落及磕碰。

2．使用游离牵引钩钳夹持后的牵引钩末端应避免接触牙龈，以免擦伤。

【器械危险度分级】

中度危险口腔器械，应达到灭菌或高水平消毒水平。

七、细丝弯制钳

【结构】

1．细丝弯制钳（图1-7-25）由不锈钢及合金制成，分为钳喙、关节和钳柄。

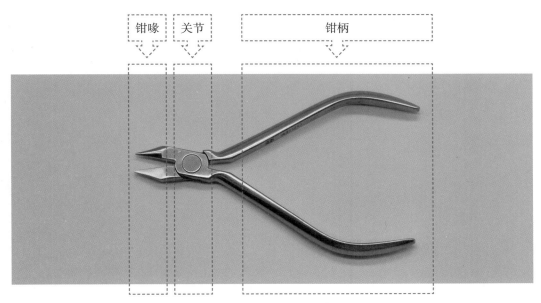

图1-7-25　细丝弯制钳

2. 细丝弯制钳工作端（图1-7-26）钳喙细长，一侧为圆形喙，另一侧为方形喙。

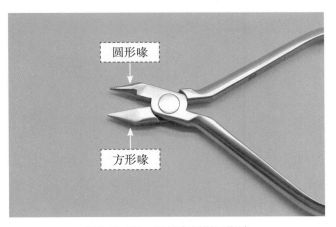

图1-7-26　细丝弯制钳工作端

【功能】
弯制弓丝：细丝弯制钳可用于弯制弓丝，制作不同弧度的精细弯曲。
【四手操作中的应用】
1. 握持（图1-7-27）。

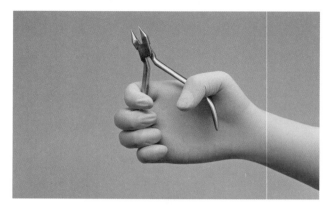

图1-7-27　细丝弯制钳的握持手法

（1）常用掌握法。

（2）将钳柄置于右手手掌，拇指握住一侧钳柄，其余四指握住另一侧钳柄。

2．传递（图1-7-28）。

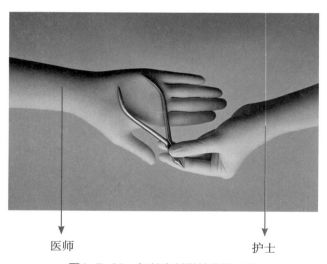

医师　　　　　　　　　　　　　　　护士

图1-7-28　细丝弯制钳的传递手法

（1）护士以左手握持细丝弯制钳的关节处，将钳柄放于医师掌内，准备传递。

（2）医师接过细丝弯制钳后，将其握于掌内，示指握于一侧钳柄近关节处，拇指固定于另一侧钳柄，其余三指随示指紧握钳柄，准备操作。

【维护保养】

1．保持细丝弯制钳工作端外表光滑，无锋棱、毛刺、裂纹，磨损时及时更换。

2．勿接触腐蚀性液体，避免工作端精度受损，影响正常使用。

【注意事项】

1．使用前、使用中、使用后应注意轻拿轻放，保护工作端，避免掉落及磕碰。

2．细丝弯制钳适用于直径小于0.6mm的圆丝或尺寸为0.56mm×0.71mm以下的方丝。

3. 细丝弯制钳进行弓丝弯制时应距钳喙端1mm处，以免发生钢丝滑脱。

【器械危险度分级】

中度危险口腔器械，应达到灭菌或高水平消毒水平。

八、带环就位器

【结构】

1. 带环就位器一般分为带环推（图1-7-29）和带环挺（图1-7-30）。

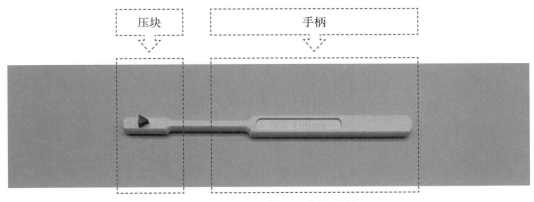

图1-7-29　带环就位器（带环推）

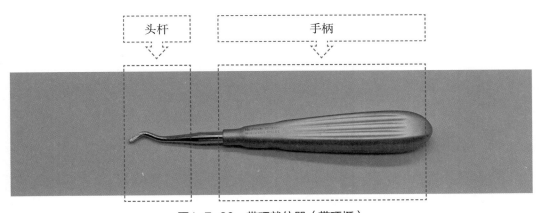

图1-7-30　带环就位器（带环挺）

2. 带环推主要由高分子材料构成，分为压块和手柄。带环挺由不锈钢材料构成，分为头杆和手柄。

【功能】

推压带环：带环就位器用于推压带环，使带环就位于牙冠适当位置。

【四手操作中的应用】

1. 握持。

（1）带环推：常用抓持法（图1-7-31）。将带环推握于拇指与中指之间，示指沿带环推的工作端方向伸展，并作为支点。

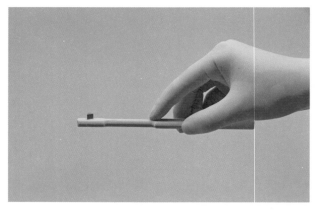

图1-7-31　带环就位器（带环推）的握持手法

（2）带环挺：常用掌拇指法（图1-7-32）。将带环挺握于掌内，拇指以外的四指紧绕手柄，拇指沿手柄的工作端方向伸展，尽量靠近工作端，并作为支点。

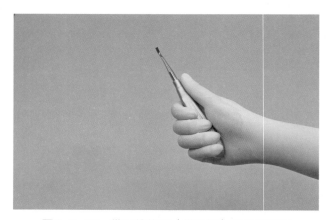

图1-7-32　带环就位器（带环挺）的握持手法

2. 传递。

（1）带环推的传递手法（图1-7-33）：

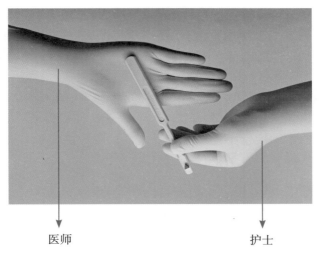

医师　　　　　　　　　　护士

图1-7-33　带环就位器（带环推）的传递手法

①护士以左手握持带环推的手柄中部，将其放于医师手掌，准备传递。

②医师接过带环推后，握于拇指与中指之间，示指沿带环推的工作端方向伸展，并作为支点，准备操作。

（2）带环挺的传递手法（图1-7-34）：

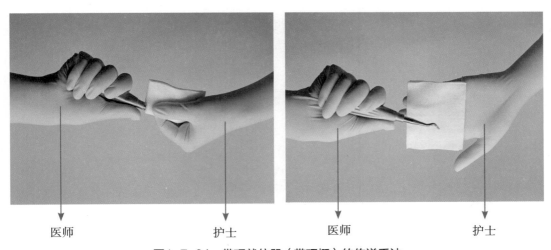

医师　　　　　　　　护士　　　　　医师　　　　　　　　护士

图1-7-34　带环就位器（带环挺）的传递手法

①护士以左手握持用纱布包裹的带环挺工作端，将手柄传递给医师，准备传递。

②医师接过带环挺后，握于掌内，拇指以外的四指紧绕手柄，拇指沿手柄的工作端方向伸展，尽量靠近工作端，并作为支点，准备操作。

【维护保养】

1. 保持带环就位器工作端外表光滑，无锋棱、毛刺、裂纹，磨损时及时更换。

2. 勿接触腐蚀性液体，避免工作端精度受损，影响正常使用。

3. 工作端为防滑刻有条形纹理，使用后应及时清理凹槽内残余的粘接材料。

【注意事项】

1. 使用前、使用中、使用后应注意轻拿轻放，保护工作端，避免掉落及磕碰。

2. 带环推按照材料可分为金属柄带环推和塑料柄带环推，带环挺按照头杆数量可分为单头带环挺和双头带环挺。

3. 带环推是利用病人的咬合力辅助带环就位，其手柄长度可达到第二磨牙。带环推压块部分的三角形齿纹咬合面可增加摩擦力，确保使用安全。

【器械危险度分级】

中度危险口腔器械，应达到灭菌或高水平消毒水平。

九、Kim钳

【结构】

1. Kim钳（图1-7-35）主要由不锈钢材料构成，分为钳喙、关节和钳柄。

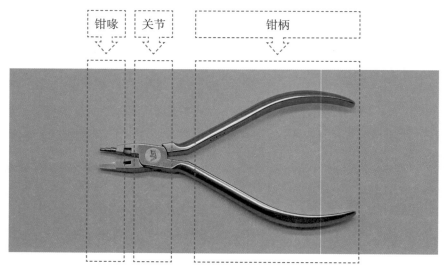

图1-7-35　Kim钳

2. Kim钳工作端（图1-7-36）的中部具有切断弓丝的带状设计。

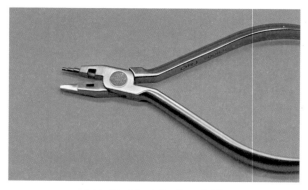

图1-7-36　Kim钳工作端

【功能】

Kim钳可用于弯制多曲方丝弓。

【四手操作中的应用】

1. 握持（图1-7-37）。

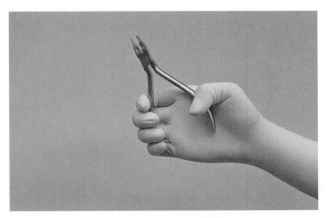

图1-7-37 Kim钳的握持手法

（1）常用掌握法。

（2）将钳柄置于右手手掌，拇指握住一侧钳柄，其余四指握住另一侧钳柄。

2. 传递（图1-7-38）。

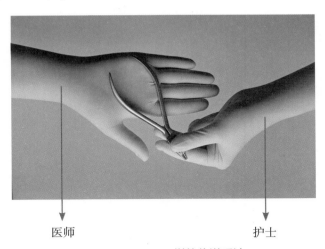

医师   护士

图1-7-38 Kim钳的传递手法

（1）护士以左手握持Kim钳的关节处，将钳柄放于医师掌内，准备传递。

（2）医师接过Kim钳后，将其握于掌内，示指握于一侧钳柄近关节处，拇指固定于另一侧钳柄，其余三指随示指紧握钳柄，准备操作。

【维护保养】

1. 保持Kim钳工作端外表光滑，无锋棱、毛刺、裂纹，磨损时及时更换。

2. 勿接触腐蚀性液体，避免工作端精度受损，影响正常使用。

【注意事项】

使用前、使用中、使用后应注意轻拿轻放，保护工作端，避免掉落及磕碰。

【器械危险度分级】

低度危险口腔器械，应达到低水平或中水平消毒水平。

十、小日月钳

【结构】

1. 小日月钳（图1-7-39）主要由不锈钢材料构成，分为钳喙、关节和钳柄。

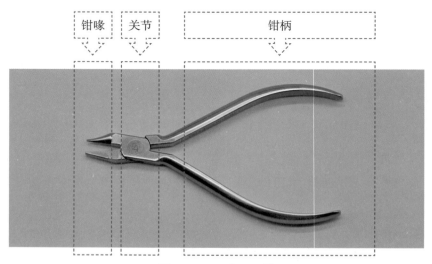

图1-7-39　小日月钳

2. 小日月钳工作端（图1-7-40）分为相互配合的圆锥形和弯月形两部分。

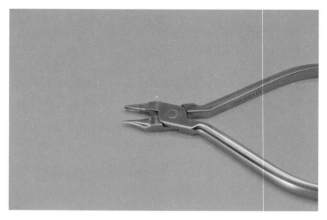

图1-7-40　小日月钳工作端

【功能】

弯制弓丝：小日月钳可用于弯制弓丝呈停止曲或欧米茄曲。

【四手操作中的应用】

1．握持（图1-7-41）。

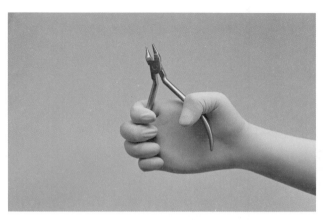

图1-7-41　小日月钳的握持手法

（1）常用掌握法。

（2）将钳柄置于右手手掌，拇指握住一侧钳柄，其余四指握住另一侧钳柄。

2．传递（图1-7-42）。

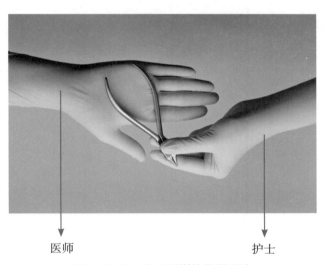

医师　　　　　　　　　　护士

图1-7-42　小日月钳的传递手法

（1）护士以左手握持小日月钳的关节处，将钳柄放于医师掌内，准备传递。

（2）医师接过小日月钳后，将其握于掌内，示指握于一侧钳柄近关节处，拇指固定于另一侧钳柄，其余三指随示指紧握钳柄，准备操作。

【维护保养】

1．保持小日月钳工作端外表光滑，无锋棱、毛刺、裂纹，磨损时及时更换。

2．勿接触腐蚀性液体，避免工作端精度受损，影响正常使用。

【注意事项】
使用前、使用中、使用后应注意轻拿轻放，保护工作端，避免掉落及磕碰。
【器械危险度分级】
低度危险口腔器械，应达到低水平或中水平消毒水平。

十一、方丝弓成型器

【结构】
1. 方丝弓成型器（图1-7-43）由防锈硬铝和不锈钢材料构成，主要组成部件有定手轮、轴、成型轮、动手轮等。方丝弓成型器可完成五个规格弓丝的成型。

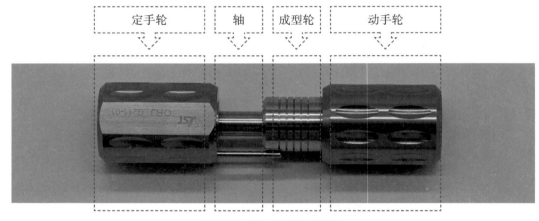

图1-7-43　方丝弓成型器

2. 常用的型号为转矩方丝弓成型器和不转矩方丝弓成型器。
【功能】
方丝弓成型器可将放入槽沟的方丝弓弯制成初具牙弓的形态。
【维护保养】
1. 保持方丝弓成型器工作端外表光滑，无锋棱、毛刺、裂纹，磨损时及时更换。
2. 勿接触腐蚀性液体，避免工作端精度受损，影响正常使用。
【注意事项】
1. 使用前、使用中、使用后应注意轻拿轻放，保护工作端，避免掉落及磕碰。
2. 方丝弓成型器槽沟分为有转矩度数和无转矩度数两部分，根据临床需求选择，使用时应确保方弓丝嵌入槽沟内。
【器械危险度分级】
低度危险口腔器械，应达到低水平或中水平消毒水平。

十二、梯形钳

【结构】
1. 梯形钳（图1-7-44）主要由不锈钢材料构成，分为钳喙、关节和钳柄。

钳喙　　　关节　　　　钳柄

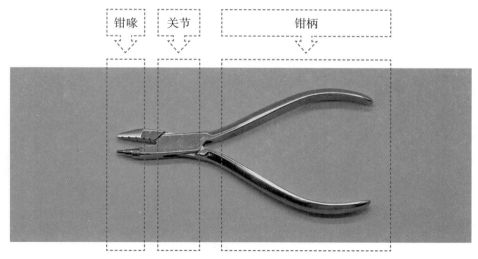

图1-7-44 梯形钳

2. 梯形钳工作端（图1-7-45）为偏心圆。

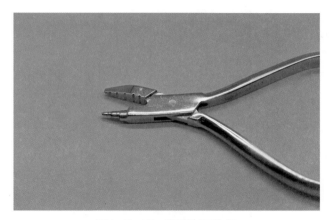

图1-7-45 梯形钳工作端

【功能】
弯制钢丝：梯形钳可用于将钢丝弯制成小圆曲形状。
【维护保养】
1. 保持梯形钳工作端外表光滑，无锋棱、毛刺、裂纹，磨损时及时更换。
2. 勿接触腐蚀性液体，避免工作端精度受损，影响正常使用。
【注意事项】
1. 使用前、使用中、使用后应注意轻拿轻放，保护工作端，避免掉落及磕碰。
2. 梯形钳常用于直径为0.9mm或1.0mm的弓丝或圆丝的弯制。
3. 梯形钳工作端为偏心圆，要避免因使用不当造成梯形钳工作端断裂。
4. 使用梯形钳弯制时注意手法，应用示指抵住弓丝，指尖依附梯形钳工作端助力弯制。

【器械危险度分级】

低度危险口腔器械，应达到低水平或中水平消毒水平。

十三、圆形打孔钳

【结构】

1. 圆形打孔钳（图1-7-46）由不锈钢和合金材料构成，分为钳喙、关节和钳柄。

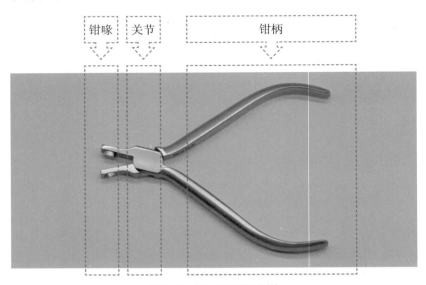

图1-7-46　圆形打孔钳

2. 圆形打孔钳工作端（图1-7-47）呈圆形缺口与突出。

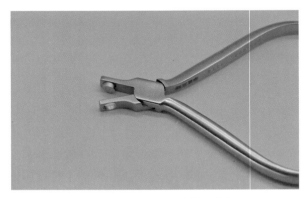

图1-7-47　圆形打孔钳工作端

【功能】

修剪或打孔：圆形打孔钳可在无托槽隐形矫治器上打出半圆形缺口，为牙面粘结舌侧扣提供空间，从而不影响牙套的佩戴；可剪掉需要软组织缓冲的部位，防止牙套压迫牙龈。

【四手操作中的应用】

1．握持（图1-7-48）。

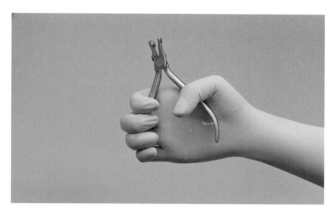

图1-7-48　圆形打孔钳的握持手法

（1）常用掌握法。

（2）将钳柄置于右手手掌，拇指握住一侧钳柄，其余四指握住另一侧钳柄。

2．传递（图1-7-49）。

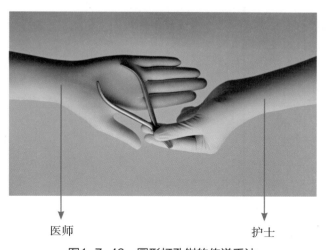

医师　　　　　　　　　　　　护士

图1-7-49　圆形打孔钳的传递手法

（1）护士以左手握持圆形打孔钳的关节处，将钳柄放于医师掌内，准备传递。

（2）医师接过圆形打孔钳后，将其握于掌内，示指握于一侧钳柄近关节处，拇指固定于另一侧钳柄，其余三指随示指紧握钳柄，准备操作。

【维护保养】

1．保持圆形打孔钳工作端外表光滑，无锋棱、毛刺、裂纹，磨损时及时更换。

2．勿接触腐蚀性液体，避免工作端精度受损，影响正常使用。

【注意事项】

使用前、使用中、使用后应注意轻拿轻放，保护工作端，避免掉落及磕碰。

【器械危险度分级】

低度危险口腔器械，应达到低水平或中水平消毒水平。

十四、托槽定位器

【结构】

1. 托槽定位器采用不锈钢材料制成，包括杆式和星式两种。

2. 杆式托槽定位器（图1-7-50）工作端为定位标头，星式托槽定位器（图1-7-51）工作端为标注钉。

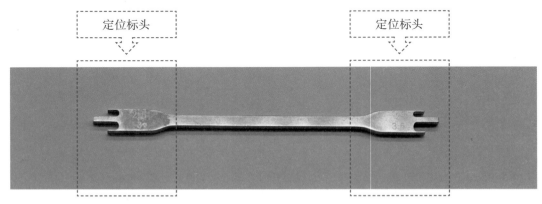

图1-7-50　杆式托槽定位器

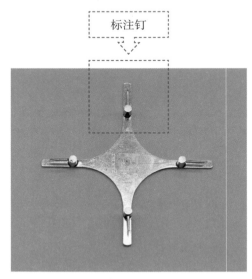

图1-7-51　星式托槽定位器

【功能】

辅助确定托槽高度：托槽定位器可在粘接托槽时，用于辅助确定托槽高度。

【四手操作中的应用】

1．握持。

（1）杆式托槽定位器：

①常用握笔法（图1-7-52）。

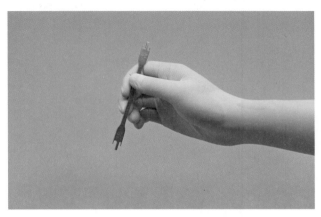

图1-7-52　杆式托槽定位器的握持手法

②将杆式托槽定位器握于拇指、示指和中指，呈握笔状，而无名指和小指常用作支点。

（2）星式托槽定位器：

①常用握笔法（图1-7-53）。

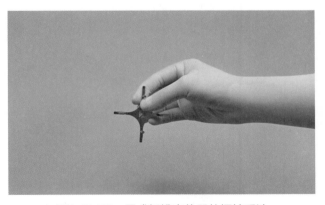

图1-7-53　星式托槽定位器的握持手法

②将星式托槽定位器握在拇指与示指之间，中指放在下面做支撑。

2．传递。

（1）杆式托槽定位器（图1-7-54）：

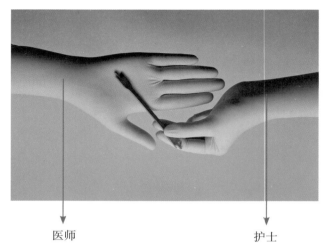

医师　　　　　　　　　　　　　护士

图1-7-54　杆式托槽定位器的传递手法

①护士以左手握持杆式托槽定位器中部非工作端进行传递，将非工作端放入医师掌内，准备传递。

②医师接过器械后，握于拇指、示指和中指，呈握笔状，而无名指和小指常用作支点，准备操作。

（2）星式托槽定位器（图1-7-55）：

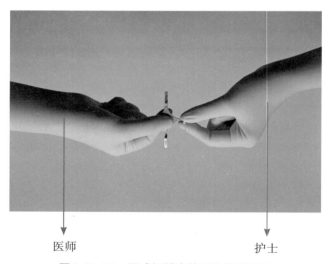

医师　　　　　　　　　　　　　护士

图1-7-55　星式托槽定位器的传递手法

①护士以左手握持星式托槽定位器中部非工作端进行传递，将非工作端传递给医师。

②医师接过器械后，握于拇指、示指，准备操作。

【维护保养】

1. 保持托槽定位器工作端外表光滑，无锋棱、毛刺、裂纹，磨损时及时更换。

2. 勿接触腐蚀性液体，避免工作端精度受损，影响正常使用。

【注意事项】

1. 使用前、使用中、使用后应注意轻拿轻放，保护工作端，避免掉落及磕碰。

2. 使用托槽定位器时，对于有重度磨耗的𬌗面、牙体缺损，在测距时需做位置调整。

【器械危险度分级】

中度危险口腔器械，应达到灭菌或高水平消毒水平。

十五、种植支抗钉手柄

【结构】

1. 种植支抗钉手柄（图1-7-56）由不锈钢和含镍材料构成，分为旋入头和旋入手柄。

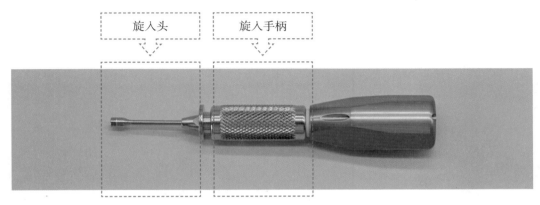

图1-7-56　种植支抗钉手柄

2. 根据支抗钉植入部位的特点，也可将旋入头更换为种植支抗钉手柄弯头（图1-7-57），其可将支抗钉轻松植入口内腭侧部位。

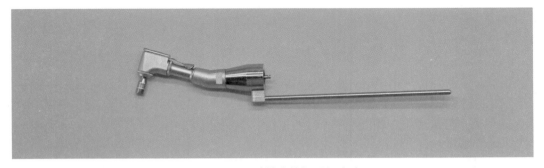

图1-7-57　种植支抗钉手柄弯头

【功能】

植入或拆除支抗钉：种植支抗钉手柄可用于旋紧或松动种植支抗钉。

【四手操作中的应用】

1. 握持（图1-7-58）。

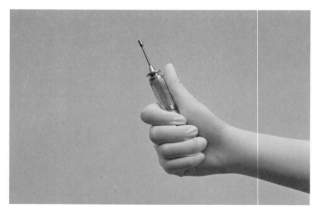

图1-7-58　种植支抗钉手柄的握持手法

（1）常用掌拇指法。

（2）将种植支抗钉手柄握于掌内，拇指以外的四指紧绕种植支抗钉手柄，拇指沿种植支抗钉手柄的工作端方向伸展，靠近种植支抗钉手柄的工作端，并作为支点。

2．传递（图1-7-59）。

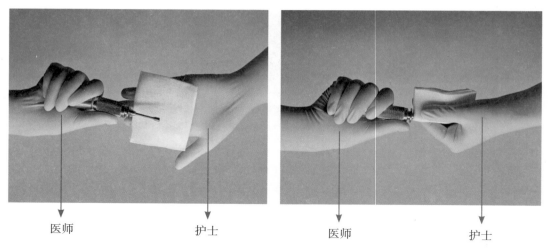

医师　　　　　　　　　　　护士　　　　　　　医师　　　　　　　　　　　护士

图1-7-59　种植支抗钉手柄的传递手法

（1）护士以左手握持用纱布包裹的种植支抗钉手柄的工作端，将手柄传递给医师。

（2）医师接过器械后，握于掌内，拇指以外的四指紧绕手柄，拇指沿手柄的工作端方向伸展，尽量靠近工作端，并作为支点，准备操作。

【维护保养】

1．保持工作端外表光滑，无锋棱、毛刺、裂纹，磨损时及时更换。

2．勿接触腐蚀性液体，避免工作端精度受损，影响正常使用。

3．长期使用后会出现卡扣松动或手柄旋转异常，应及时报废处理。

【注意事项】

1．使用前、使用中、使用后应注意轻拿轻放，保护工作端，避免掉落及磕碰。

2．使用前安装连接头时应注意卡扣是否连接牢固，手柄是否能够正常旋转。

【器械危险度分级】

高度危险口腔器械，应达到灭菌水平。

十六、泪滴钳

【结构】

1. 泪滴钳（图1-7-60）由不锈钢和合金材料构成，分为钳喙、关节和钳柄。

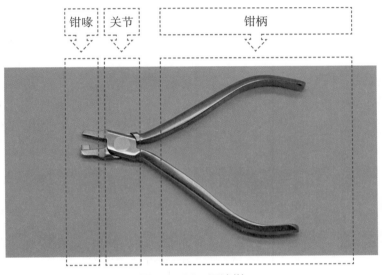

图1-7-60　泪滴钳

2. 泪滴钳工作端（图1-7-61）呈泪滴状的缺口与突出。

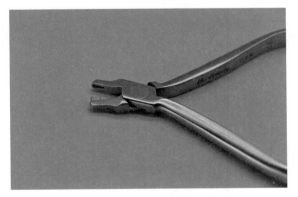

图1-7-61　泪滴钳工作端

【功能】

打孔：泪滴钳可将无托槽隐形矫治器的龈缘处钳出泪滴状缺口，便于将弹性皮圈从缺口勾出。

【四手操作中的应用】

1. 握持（图1-7-62）。

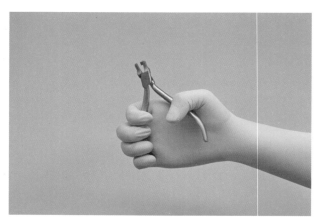

图1-7-62　泪滴钳的握持手法

（1）常用掌握法。

（2）将钳柄置于右手手掌，拇指握住一侧钳柄，其余四指握住另一侧钳柄。

2．传递（图1-7-63）。

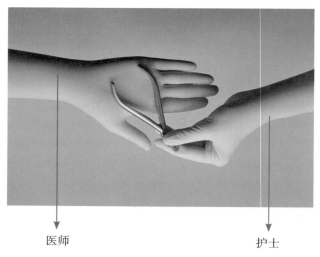

医师　　　　　　　　　　　　　　护士

图1-7-63　泪滴钳的传递手法

（1）护士以左手握持泪滴钳的关节处，将钳柄放于医师掌内，准备传递。

（2）医师接过泪镝钳后，将其握于掌内，示指握于一侧钳柄近关节处，拇指固定于另一侧钳柄，其余三指随示指紧握钳柄，准备操作。

【维护保养】

1．保持泪滴钳工作端外表光滑，无锋棱、毛刺、裂纹，磨损时及时更换。

2．勿接触腐蚀性液体，避免工作端精度受损，影响正常使用。

【注意事项】

使用前、使用中、使用后应注意轻拿轻放，保护工作端，避免掉落及磕碰。

【器械危险度分级】

低度危险口腔器械，应达到低水平或中水平消毒水平。

十七、水平钳

【结构】

1. 水平钳（图1-7-64）由不锈钢和合金材料构成，分为钳喙、关节和钳柄。

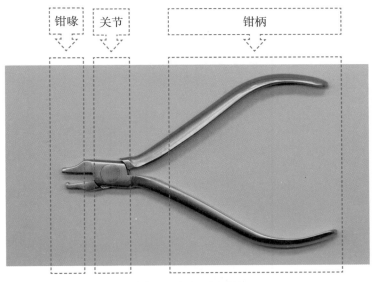

图1-7-64　水平钳

2. 水平钳工作端（图1-7-65）呈横向长方形缺口与突出。

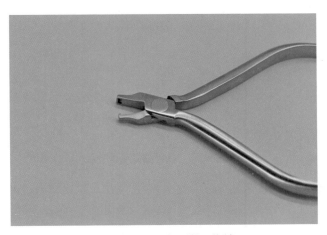

图1-7-65　水平钳工作端

【功能】

打孔：水平钳可在无托槽隐形矫治器上夹出凹陷，以实现个别牙根转矩的加力或增加固位力。

【四手操作中的应用】

1. 握持（图1-7-66）。

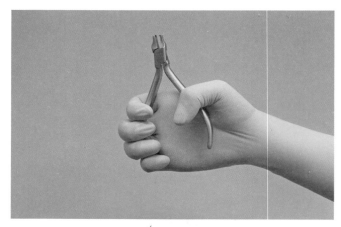

图1-7-66　水平钳的握持手法

（1）常用掌握法。

（2）将钳柄置于右手手掌，拇指握住一侧钳柄，其余四指握住另一侧钳柄。

2. 传递（图1-7-67）。

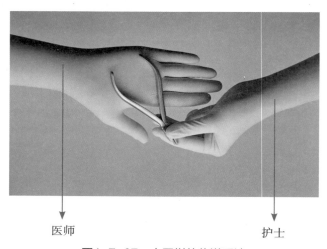

医师　　　　　　　　　　　　　　护士

图1-7-67　水平钳的传递手法

（1）护士以左手握持水平钳的关节处，将钳柄放于医师掌内，准备传递。

（2）医师接过水平钳后，将其握于掌内，示指握于一侧钳柄近关节处，拇指固定于另一侧钳柄，其余三指随示指紧握钳柄，准备操作。

【维护保养】

1. 保持工作端外表光滑，无锋棱、毛刺、裂纹，磨损时及时更换。

2. 勿接触腐蚀性液体，避免工作端精度受损，影响正常使用。

【注意事项】

使用前、使用中、使用后应注意轻拿轻放，保护工作端，避免掉落及磕碰。

【器械危险度分级】

低度危险口腔器械，应达到低水平或中水平消毒水平。

十八、垂直钳

【结构】

1. 垂直钳（图1-7-68）由不锈钢和合金材料构成，分为钳喙、关节和钳柄组成。

钳喙　关节　钳柄

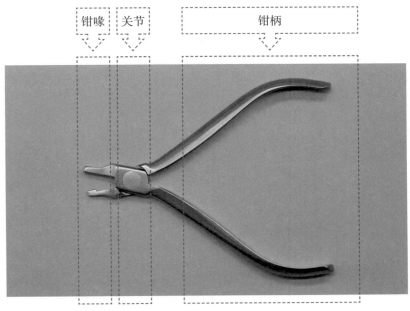

图1-7-68 垂直钳

2. 垂直钳工作端（图1-7-69）呈竖向长方形缺口与突出。

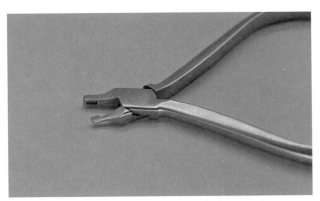

图1-7-69 垂直钳工作端

【功能】

打孔：垂直钳可在无托槽隐形矫治器上夹出凹陷，以解决扭转牙的过矫正或矫正轻微的唇/舌向不齐。

【四手操作中的应用】

1. 握持（图1-7-70）。

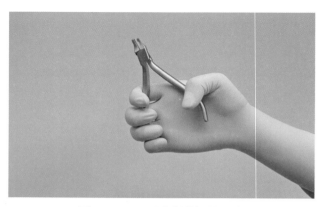

图1-7-70　垂直钳的握持手法

（1）常用掌握法。

（2）将钳柄置于右手手掌，拇指握住一侧钳柄，其余四指握住另一侧钳柄。

2．传递（图1-7-71）。

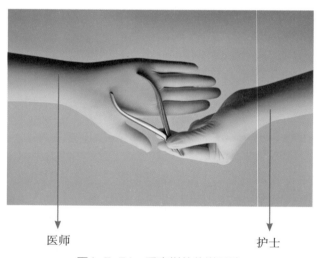

医师　　　　　　　　　　　　　　　　护士

图1-7-71　垂直钳的传递手法

（1）护士以左手握持垂直钳的关节处，将钳柄放于医师掌内，准备传递。

（2）医师接过垂直钳后，将其握于掌内，示指握于一侧钳柄近关节处，拇指固定于另一侧钳柄，其余三指随示指紧握钳柄，准备操作。

【维护保养】

1．保持工作端外表光滑，无锋棱、毛刺、裂纹，磨损时及时更换。

2．勿接触腐蚀性液体，避免工作端精度受损，影响正常使用。

【注意事项】

使用前、使用中、使用后应注意轻拿轻放，保护工作端，避免掉落及磕碰。

【器械危险度分级】

低度危险口腔器械，应达到低水平或中水平消毒水平。

第八节　儿童口腔科常用器械

一、缩颈钳

【结构】

1. 缩颈钳（图1-8-1）钳体由不锈钢制成，耐腐蚀性强，经真空热处理后钳体各项力学性能优良，无变形，断裂。

钳喙　　钳腮　　　　　　　钳柄

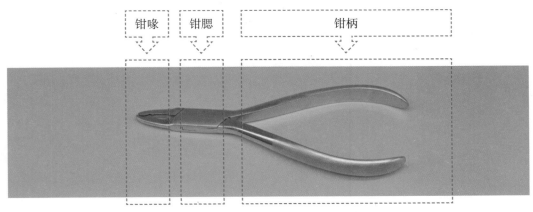

图1-8-1　缩颈钳

2. 缩颈钳主要由钳柄、钳腮、钳喙组成。

【功能】

1. 调整预成冠：缩颈钳可用于调整金属预成冠外形凹凸并缩窄冠颈部。
2. 修整带环：缩颈钳可用于修整和改制带环端缘形状，以确保与牙齿更好地吻合。
3. 缩颈钳可用于安装不锈钢牙冠。

【四手操作中的应用】

1. 握持（图1-8-2）。

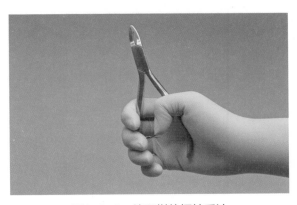

图1-8-2　缩颈钳的握持手法

（1）常用掌握法。

（2）一侧钳柄正对掌心，拇指扣住一侧钳柄，其余四指并拢握紧另一侧钳柄，利用拇指及鱼际肌和掌指关节活动使其开闭自如。

2.传递（图1-8-3）。

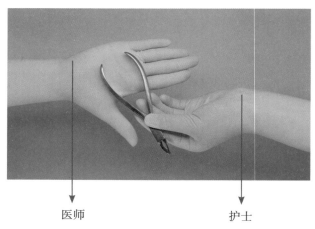

医师   护士

图1-8-3 缩颈钳的传递手法

（1）护士以左手握持缩颈钳钳腮，将钳柄端朝向医师，准备传递。

（2）医师接过器械后，一侧钳柄正对掌心，拇指沿钳柄指向工作端，其余四指并拢紧握对侧钳柄，准备操作。

【维护保养】

1.保持缩颈钳表面光滑，无腐蚀、锈迹，性能良好。

2.勿浸泡于盐水（如氯化钠溶液）中，长期接触会导致器械腐蚀或开裂。

【注意事项】

1.首次使用前须去油后进行清洗、消毒、灭菌。

2.避免金属器械之间的碰撞。

3.注意保护钳喙，避免碰撞导致损坏。

4.定期注入适量专用润滑剂，并检查器械的使用性能。

【器械危险度分级】

中度危险口腔器械，应达到灭菌或高水平消毒水平。

二、乳牙钳

【结构】

1.乳牙钳（图1-8-4）为不锈钢材质，表面电镀，具有良好的耐腐蚀性，由钳喙、关节和钳柄组成。钳柄是医师的握持部分，钳喙是乳牙钳夹持牙体的部分，称为工作端，根据其形状可分为直钳（图1-8-5A）、直角鹰嘴式钳（图1-8-5B）、刺枪式钳（图1-8-5C）和反角式钳（图1-8-5D）四种。

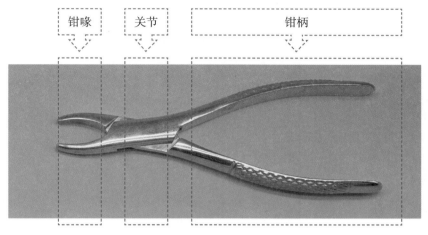

图1-8-4　乳牙钳

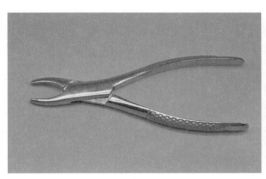

A.直钳

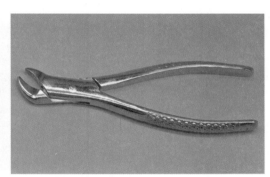

B.直角鹰嘴式钳

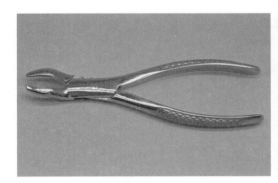

C.刺枪式钳

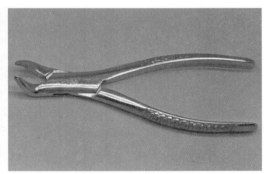

D.反角式钳

图1-8-5　乳牙钳的分类

2. 乳牙钳分为上颌乳牙钳（图1-8-5 A、C）和下颌乳牙钳（图1-8-5 B、D）。
【功能】
外科拔牙：乳牙钳主要适用于拔除儿童牙齿、牙根或切断牙冠。
【四手操作中的应用】
1. 握持（图1-8-6）。

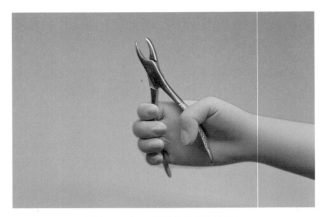

图1-8-6 乳牙钳的握持手法

（1）掌握法。

（2）将钳柄握于掌内，拇指扣住一侧钳柄，其余四指并拢握紧另一侧钳柄，利用拇指及鱼际肌和掌指关节活动来张开或合拢器械。

2. 传递（图1-8-7）。

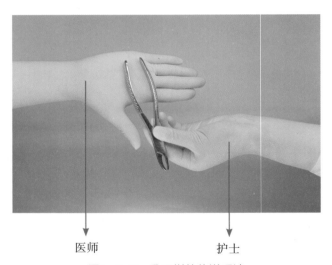

医师   护士

图1-8-7 乳牙钳的传递手法

（1）护士以左手握持钳喙及关节，准备传递。

（2）医师接过乳牙钳后，以掌握法握住，准备操作。

【维护保养】

1. 保持乳牙钳关节开合顺畅，无锈迹、裂纹，性能良好。

2. 勿将乳牙钳浸入生理盐水，以免锈蚀。

【注意事项】

1. 首次使用前须去油后进行清洗、消毒、灭菌。

2. 使用前必须对乳牙钳进行检查，外表应光滑，无锋棱、毛刺、裂纹，柄花应清晰、完整。

3．乳牙钳开闭应轻松灵活，有锈迹、钳喙有缺损、关节开合卡顿时，应及时更换。

4．在使用时应根据患牙的部位、解剖形态、完整性、与邻牙的关系，正确选用乳牙钳的型号规格。

5．使用后应先及时去除血迹、污渍，再进行灭菌处理。

【器械危险度分级】

高度危险口腔器械，应达到灭菌水平。

第九节　口腔急救常用器械

一、膝状镊

【结构】

膝状镊（图1-9-1）由不锈钢材料制成，由镊柄和镊头组成。

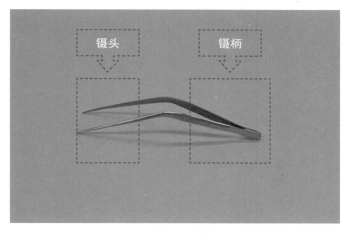

图1-9-1　膝状镊

【功能】

膝状镊可用于夹持深部的敷料或软组织。

【四手操作中的应用】

握持（图1-9-2）：拇指和示指握住镊柄，用镊头夹取敷料或软组织。

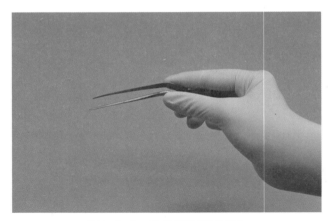

图1-9-2　膝状镊的握持手法

【维护保养】

1. 保持膝状镊弹性良好，膝状镊的二片连接牢固，膝状镊捏合时，唇头齿自头端向下在其全长2/3内吻合。

2. 保持膝状镊对称，外表光滑。

3. 使用中性清洁剂进行清洗，清洗后干燥保存。

4. 勿将膝状镊浸入生理盐水，以免锈蚀。

【注意事项】

使用前必须对膝状镊进行检查，若存在损坏、锈蚀使其功能失效，则不应继续使用。

【器械危险度分级】

中度危险口腔器械，应达到灭菌或高水平消毒水平。

二、舌钳

【结构】

舌钳（图1-9-3）由不锈钢材料制成，钳环处采用横纹齿设计，夹持稳定、省力。指圈圆润光滑，握持舒适，使用方便。

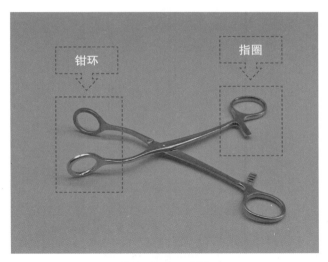

图1-9-3　舌钳

【功能】

舌钳可用于夹持舌体。急救需要用其夹持牵拉舌体，防止舌后坠，提高气道通畅度。

【四手操作中的应用】

1. 握持（图1-9-4）：右手拇指与无名指置于指圈内，便于开合舌钳。示指与中指搭靠于舌钳力臂，便于控制力度和方向。

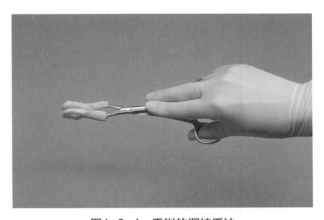

图1-9-4　舌钳的握持手法

2. 病人头偏一侧，在舌头上下垫上纱布，也可将纱布缠绕于舌钳上（图1-9-5），用其将舌体夹住牵出。最好是在麻醉后夹持舌体，缓解病人疼痛。

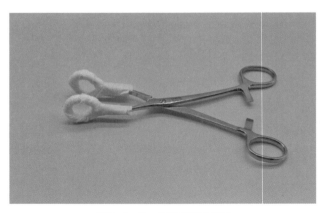

图1-9-5　舌钳缠绕纱布

【维护保养】

1．保持清洁干燥，关节部位可使用专用防锈润滑油润滑。

2．勿将舌钳长时间浸泡于生理盐水，以免锈蚀。

【注意事项】

夹持舌体时间不宜过长，避免影响血液循环。

【器械危险度分级】

中度危险口腔器械，应达到灭菌或高水平消毒水平。

三、开口器

【结构】

开口器（图1-9-6）由不锈钢材料制成，由左右撑杆、调节架、螺钉组成，总长13cm。开口器有钳柄式、丁字式、方框式、梯形式等，此处主要介绍临床常用的丁字式开口器。

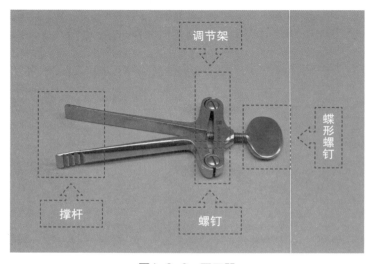

图1-9-6　开口器

【功能】

1. 开口器可用于手术或者麻醉时打开口腔。

2. 开口器可用于昏迷、需张口的特殊检查及呼吸道阻塞引起的窒息，在紧急急救时可用于打开病人牙关紧闭的上下腭。

【使用方法】

1. 评估病人，确认是否需要使用开口器，准备好用物（开口器、手电、纱布）。

2. 病人去枕平卧位，操作者向下、向前推移病人下颌关节，开口器使用方法如图1-9-7所示。

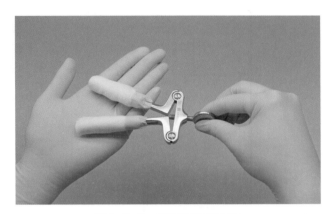

图1-9-7　开口器使用方法

3. 由臼齿处放入开口器，顺时针旋转，撑开紧闭的牙关。

4. 有舌后坠者可使用舌钳或口咽通气道。

5. 症状好转后，逆时针向外旋转开口器，取出。

6. 清洁口腔，检查口腔黏膜是否完整，有无舌咬伤及牙齿松动。

【维护保养】

1. 保持开口器开闭轻松灵活，固定牢固，具有足够的强度。

2. 保持开口器的外表光滑。

3. 勿将开口器浸入生理盐水，以免锈蚀。

【注意事项】

使用前必须对开口器进行检查，若存在损坏、锈蚀使其功能失效，则不应继续使用。

【器械危险度分级】

中度危险口腔器械，应达到灭菌或高水平消毒水平。

四、窥鼻器

【结构】

窥鼻器（图1-9-8）由不锈钢或塑料制成。闭合时扩张头部两片对齐，撑开时手感轻松，支撑螺钉能定位固定。

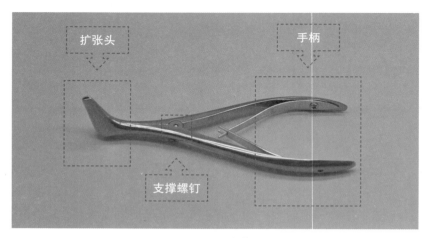

图1-9-8　窥鼻器

【功能】

撑开鼻腔：窥鼻器可供鼻腔检查或手术时撑开鼻腔，显露视野。

【四手操作中的应用】

握持（图1-9-9）：手指自然弯曲，轻握窥鼻器手柄，将扩张头放入病人鼻腔，再适当用力握压手柄即可撑开鼻腔，便于检查。

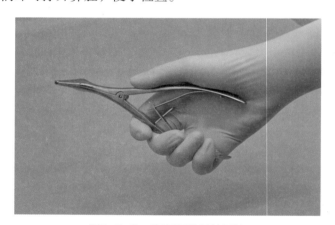

图1-9-9　窥鼻器的握持手法

【维护保养】

1. 保持窥鼻器开合顺畅，适时为窥鼻器关节处涂抹专用防锈润滑油。

2. 保持窥鼻器外表光滑。

3. 勿将窥鼻器长时间浸泡于生理盐水，以免锈蚀。

【注意事项】

使用前必须对窥鼻器进行检查，若存在损坏、锈蚀使其功能失效，则不应继续使用。

【器械危险度分级】

中度危险口腔器械，应达到灭菌或高水平消毒水平。

第十节 口腔颌面外科手术室常用器械

一、骨撑开钳（骨分离器）

【结构】

1. 骨撑开钳（图1-10-1）由不锈钢或钛合金制成。骨撑开钳由一对中间连接的叶片组成，从工作端至钳柄，分为钳喙、关节及钳柄。

钳喙	关节	钳柄

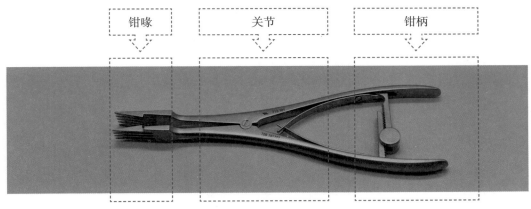

图1-10-1 骨撑开钳

2. 骨撑开钳常用的型号有5齿、6齿，5齿适用于女性及个子较矮的男性，6齿适用于高大的男性。

【功能】

辅助骨劈开：将骨撑开钳插入两块已经基本离断的骨块之间，操作者缓慢收紧钳柄使钳喙开放，可达到完全撑开骨块的目的。

【四手操作中的应用】

1. 握持（图1-10-2）。

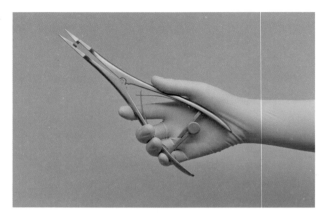

图1-10-2　骨撑开钳的握持手法

（1）常用掌握法。

（2）右手示指、中指、无名指及小指与拇指分开，分别握住骨撑开钳的两个钳柄，钳喙平行向上，一钳柄紧贴大鱼际肌，工作时缓慢收紧钳柄，即可通过杠杆作用撑开骨块。

2.传递（图1-10-3）。

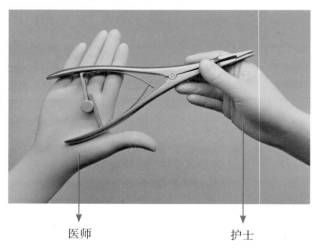

医师　　　　　　　　　　　　　　护士

图1-10-3　骨撑开钳的传递手法

（1）护士握持骨撑开钳钳喙下方近关节处，钳柄朝向医师，准备传递。

（2）医师接过骨撑开钳后，以掌握法握住钳柄，准备操作。

【维护保养】

1.保持骨撑开钳无裂纹、磨损、变形等缺陷。

2.使用中性清洁剂进行清洗。

3.清洗时收紧钳柄，使钳喙开放。

4.清洗后干燥保存，关节部位可使用专用防锈润滑油。

5.勿将骨撑开钳浸泡于生理盐水。

【注意事项】

1. 插入骨块之间前应保证钳喙处于关闭状态，并防止撞击牙齿。

2. 使用骨撑开钳时应避免其压迫病人嘴唇、牙龈等软组织。

3. 使用后应立即用擦拭法去除骨撑开钳上血液、软组织及骨残渣。

4. 术中妥善保管骨撑开钳，避免撞击钳喙或掉落，减少磨损。

【器械危险度分级】

高度危险口腔器械，应达到灭菌水平。

二、上颌松动钳

【结构】

1. 上颌松动钳（图1-10-4）由不锈钢或钛合金制成，由一对中间连接的叶片组成，从工作端至钳柄，分为钳喙、关节及钳柄。

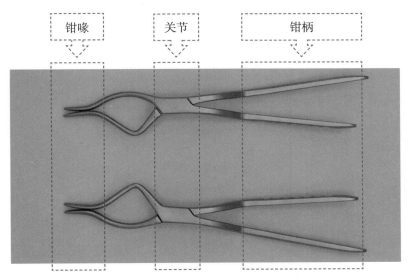

钳喙　　　关节　　　钳柄

图1-10-4　上颌松动钳（左右成对）

2. 上颌松动钳左右成对使用。

【功能】

降低、松动上颌骨：上颌LeFort Ⅰ型骨切开术时，用左右两把上颌松动钳同时夹住已切开的上颌骨硬腭鼻腔面与口腔面，向前下方及左右缓慢移动，使上颌骨完全折断降下，达到将上颌骨移动至术前设计位置的目的。

【四手操作中的应用】

1. 握持（图1-10-5）。

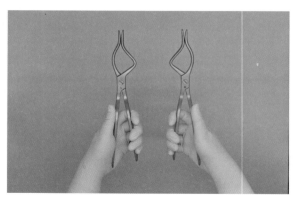

图1-10-5　上颌松动钳的握持手法

（1）常用掌握法。

（2）操作者右手握住右侧上颌松动钳，左手握住左侧上颌松动钳，手掌心向上，示指、中指、无名指及小指与拇指分开，分别握住上颌松动钳的两个钳柄，钳住已切开的上颌骨硬腭鼻腔面与口腔面，工作时将示指从钳柄之间移出，收紧钳柄使钳喙与骨面贴合，向前下方及左右缓慢移动，使上颌骨降下并松动。

2．传递（图1-10-6）。

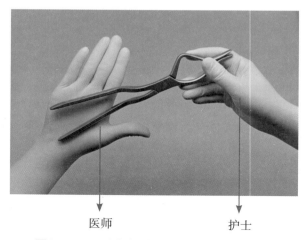

医师　　　　　　　　护士

图1-10-6　上颌松动钳的传递手法（右侧）

（1）护士握持上颌松动钳钳喙处，钳柄朝向医师，准备传递。

（2）医师接过后，以右手掌握法握住右侧上颌松动钳，以左手掌握法握住左侧上颌松动钳，准备操作。

（3）左侧传递方法同右侧。

【维护保养】

1．保持上颌松动钳无裂纹、磨损、变形等缺陷。

2．使用中性清洁剂进行清洗。

3．清洗时收紧钳柄，使钳喙开放。

4．清洗后干燥保存，关节部位使用专用防锈润滑油。

5．勿将上颌松动钳浸泡于生理盐水。

【注意事项】

1．上颌松动钳通常应左右成对同时使用，操作时应用力收紧钳柄，防止钳喙移位。

2．使用上颌松动钳时应避免其压迫病人嘴唇、牙龈等软组织。

3．使用后应立即用擦拭法去除上颌松动钳上血液、软组织及骨残渣。

4．术中妥善保管上颌松动钳，避免撞击钳喙或掉落，减少磨损。

【器械危险度分级】

高度危险口腔器械，应达到灭菌水平。

三、骨刀

【结构】

1．骨刀主要由不锈钢或钛合金制成，由刀头及刀柄组成，刀头为斜面锋刃，刀柄有木质刀柄（图1-10-7）和金属刀柄（图1-10-8）两类。

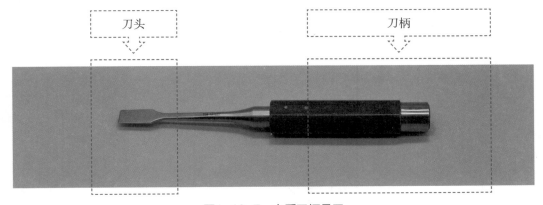

图1-10-7　木质刀柄骨刀

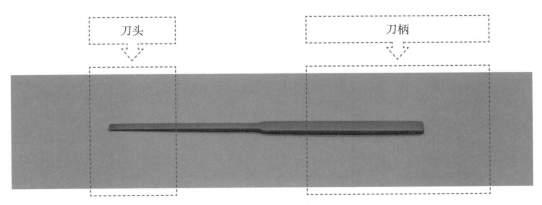

图1-10-8　金属刀柄骨刀

2．常用骨刀刀头刃宽度为2mm、3mm、4mm、6mm、8mm等，并有单刃、双刃、直刃和弯刃等类型，使用时医师根据需劈开骨组织的大小、形状及部位决定使用类型，因此手术时应配置各类骨刀备用。

【功能】

分离骨块：用骨钻或骨锯完全切开颌骨骨皮质至骨髓腔，将骨刀插入切口，用骨锤敲击刀柄末端直至颌骨内外骨板完全分离。

【四手操作中的应用】

1. 握持（图1-10-9）。

图1-10-9　骨刀的握持手法

（1）反掌拇指法。

（2）右手示指、中指、无名指及小指并拢与拇指分开，握住刀柄处，刀头垂直插入骨切口，用骨锤连续敲击刀柄末端，直至骨板完全分离。

2. 传递（图1-10-10）。

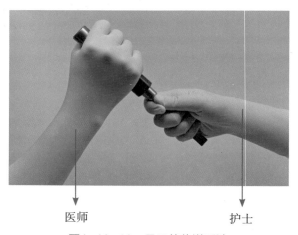

医师　　　　　　　　　　护士

图1-10-10　骨刀的传递手法

（1）护士握持骨刀末端，刀柄朝向医师，准备传递。

（2）医师接过骨刀后，以反掌拇指法握住骨刀刀柄，准备操作。

【维护保养】

1. 保持骨刀刀头刃口锋利，无钝口、缺口。

2. 使用中性清洁剂进行清洗，避免撞击刀头。

3. 清洗后干燥保存。

4. 勿将器械浸泡于生理盐水。

【注意事项】

1. 插入骨切口前应避免刀头撞击牙齿、嘴唇、牙龈、黏膜等组织，防止误伤。

2. 使用后应立即用擦拭法去除骨刀上血液、软组织及骨残渣。

3. 术中妥善保管骨刀，避免撞击刀头或掉落，减少磨损。

【器械危险度分级】

高度危险口腔器械，应达到灭菌水平。

四、深部口内拉钩

【结构】

1. 深部口内拉钩由不锈钢或钛合金制成，由柄部和尖端组成，尖端为弧形弯曲状。

2. 常用深部口内拉钩包括普通口内软组织拉钩（图1-10-11）（常用型号包括尖端10mm×42mm、12mm×55mm、14mm×70mm）、下颌升支前缘拉钩（图1-10-12）（又称燕尾拉钩，尖端呈燕尾设计）、下颌升支后缘拉钩（图1-10-13）、下颌下缘拉钩（图1-10-14）（左右成对）等，其中下颌升支后缘拉钩、下颌下缘拉钩根据手术照明需要可带光导纤维接口。

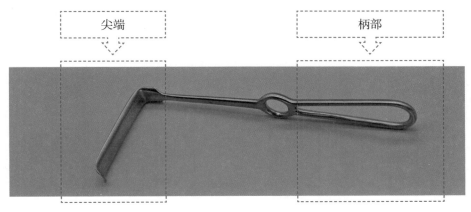

图1-10-11　普通口内软组织拉钩

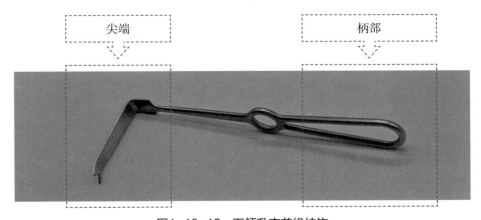

图1-10-12　下颌升支前缘拉钩

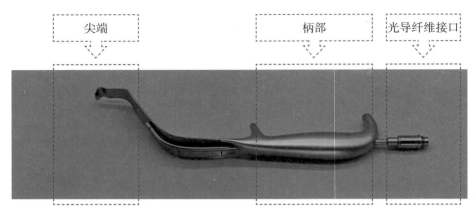

尖端　　　　　　柄部　　　　光导纤维接口

图1-10-13　下颌升支后缘拉钩

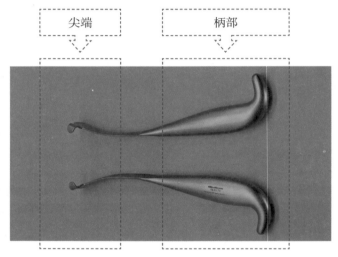

尖端　　　　　　柄部

图1-10-14　下颌下缘拉钩（左右成对）

【功能】

1. 牵拉口内软组织：根据口内术野的大小及深浅的不同，用不同型号普通口内软组织拉钩牵拉术野软组织，暴露深部术野。

2. 暴露下颌升支前缘：下颌升支前缘拉钩尖端特殊的燕尾设计，可轻松剥离下颌升支前缘的软组织，使下颌升支前缘充分暴露。

3. 牵拉下颌升支后缘及下颌角：下颌升支后缘拉钩尖端独特的"W"字形设计，可钩住下颌升支后缘及下颌角，使下颌升支充分暴露，从而保护下颌升支周围软组织。

4. 牵拉下颌下缘或下颌升支乙状切迹：下颌下缘拉钩尖端侧面有一弯曲片状结构，专为钩住下颌下缘或下颌升支乙状切迹而设计，以充分暴露下颌下缘或下颌升支乙状切迹，保护其周围软组织，多用于下颌升支垂直劈开术。

【四手操作中的应用】

1. 握持（图1-10-15）。

图1-10-15　深部口内拉钩的握持手法

（1）掌拇指法。

（2）操作者右手示指、中指、无名指及小指并拢与拇指分开，握住柄部2/3处，将尖端放进术野，钩住需牵开组织，向外适当用力。

2. 传递（图1-10-16）。

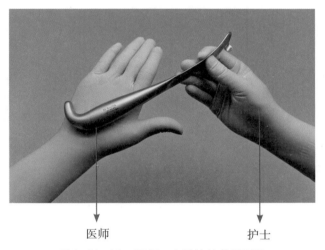

医师　　　　　　　　　　　　　　　　护士

图1-10-16　深部口内拉钩的传递手法

（1）护士握持工作端的1/2处，将柄部朝向医师，采用平行传递法进行传递。

（2）医师接过后，以掌拇指法握住柄部，准备操作。

【维护保养】

1. 保持尖端光滑无毛刺、缺口，有明显磨损时应及时更换。

2. 使用中性清洁剂进行清洗，避免撞击尖端。

3. 清洗后干燥保存。

4. 勿将深部口内拉钩浸泡于生理盐水。

【注意事项】

1. 放入术野前应避免尖端撞击牙齿，防止误伤。

2. 确定尖端钩住需牵开组织后再用力牵拉。

3. 使用后应立即用擦拭法去除深部口内拉钩上血液、软组织及骨残渣。

4. 术中妥善保管深部口内拉钩，避免撞击或掉落，减少磨损。

5. 保护好光导纤维接口，勿撞击、扭曲接口。

【器械危险度分级】

高度危险口腔器械，应达到灭菌水平。

五、显微剪

【结构】

1. 显微剪（图1-10-17）由不锈钢或钛合金制成，由一对左右完全对称的叶片连接组成，分为头部、柄部、尾部，头部为斜面双刃，柄部有花纹防止操作时滑脱，尾部为弹簧启闭装置。

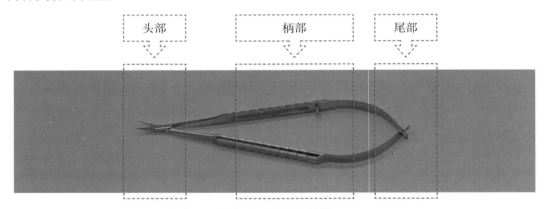

图1-10-17　显微剪

2. 显微剪类型多样，根据头部形状分为直剪、弯剪、侧弯剪、侧弯凸头剪、开齿剪等，临床应用以直剪、弯剪为主，直剪主要用于剪线及修剪血管、神经、淋巴管末端，弯剪主要用于修剪与分离小血管、淋巴管、神经，使其与周围组织完全分离。

【功能】

1. 精细解剖组织：修剪与分离小血管、淋巴管、神经，使其与周围组织完全分离。

2. 修剪血管、神经、淋巴管末端，使其端口光滑、平整，便于吻合。

3. 剪线：直剪可作为显微缝合线的剪线工具。

【四手操作中的应用】

1. 握持（图1-10-18）。

图1-10-18　显微剪的握持手法

（1）常用握笔法。

（2）操作者握持显微剪的手指主要是拇指、示指和中指，拇指和示指分别握住左右叶片柄部，中指置于两手柄之间，使用时拇指、示指轻轻用力收紧使头部刀刃闭合，使用结束后拇指、示指放松，在尾部弹簧的作用下头部刀刃立即分开。

2. 传递（图1-10-19）。

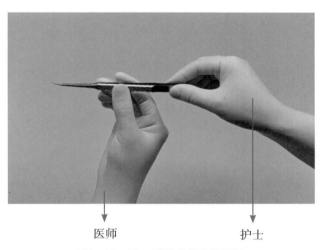

医师　　　　　　　　　护士

图1-10-19　显微剪的传递手法

（1）护士握持显微剪近尾部部分，工作端朝向医师，准备传递。

（2）医师接过后，以拇指和示指握住显微剪柄部近工作端的1/3处，中指置于两柄部下方作为支点，准备操作。

【维护保养】

1. 保持头部刀口光滑无毛刺、缺口，柄部花纹清晰，尾部弹簧弹性良好，有明显磨损时应及时更换。

2. 使用中性清洁剂进行清洗，避免撞击头部。显微剪为精细锐器，建议流动水下手洗。

3．清洗后干燥保存，头部套上器械保护套保护剪刀头。

4．勿将显微剪浸泡于生理盐水。

【注意事项】

1．修剪组织前保持头部处于开放状态，确认修剪位置无误后方可使用。

2．勿修剪较大较硬的组织，包括较大血管、神经、淋巴管，禁止将显微剪作为5/0以上缝线的剪线工具。

3．使用后应立即用擦拭法去除显微剪上血液、软组织。

4．术中妥善保管显微剪，将其与其他手术器械分开保管，避免撞击头部或掉落，减少磨损。

【器械危险度分级】

高度危险口腔器械，应达到灭菌水平。

六、显微镊

【结构】

1．显微镊（图1-10-20）由不锈钢或钛合金制成，由一对左右完全对称的叶片连接组成，分为头部、柄部、尾部，头部纤细，柄部有花纹，防止操作时滑脱。

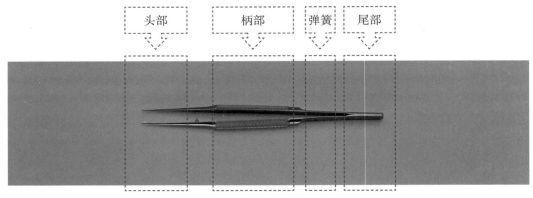

图1-10-20 显微镊

2．长度一般为14~18cm，采用弹簧式把柄。

【功能】

1．提取、分离微细组织：如血管壁、淋巴管壁、神经纤维。

2．打结：夹提缝线打结。

【四手操作中的应用】

1．握持（图1-10-21）。

图1-10-21　显微镊的握持手法

（1）常用握笔法。

（2）操作者握持显微镊的手指主要是拇指、示指，拇指和示指分别握住左右叶片柄部，夹持微细组织时拇指、示指轻轻用力收紧使头部闭合，夹持结束后拇指、示指放松，在尾部弹簧的作用下头部立即分开。

2．传递（图1-10-22）。

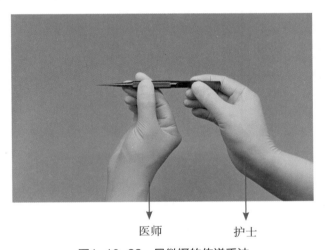

医师　　　护士

图1-10-22　显微镊的传递手法

（1）护士握持显微镊尾部近弹簧的1/3处，采用平行传递法进行传递。

（2）医师以拇指和示指握住显微镊柄部近工作端的1/3处，中指置于显微镊下方作为支点，准备操作。

【维护保养】

1．显微镊头部闭合时，两端应完全贴合无错位。

2．保持显微镊光滑无毛刺、缺口，柄部花纹清晰，尾部弹簧弹性功能良好，有明显磨损时应及时更换。

3．使用中性清洁剂进行清洗，显微镊为精细器械，建议流动水下手洗。

4．清洗后干燥保存，头部套上器械保护套保护。

5．勿将器械浸泡于生理盐水。

【注意事项】

1．勿夹持较大较硬的组织，包括较大血管、神经、淋巴管。

2．使用后应立即用擦拭法去除显微镊上血液、软组织。

3．术中妥善保管显微镊，将其与其他手术器械分开保管，避免撞击头部或掉落，减少磨损。

【器械危险度分级】

高度危险口腔器械，应达到灭菌水平。

七、显微持针器

【结构】

1．显微持针器（图1-10-23）由不锈钢或钛合金制成，由一对左右完全对称的叶片连接组成，分为头部、柄部和尾部。

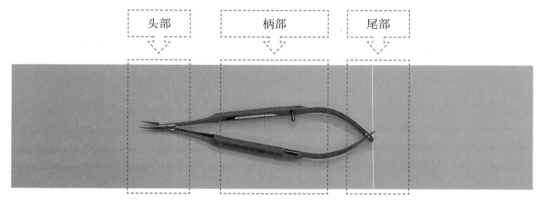

图1-10-23　显微持针器

2．显微持针器有直头和弯头两种型号。

【功能】

显微持针器用于显微手术时夹持7/0及以下的带缝合线的缝针。

【四手操作中的应用】

1．握持（图1-10-24）。

图1-10-24 显微持针器的握持手法

（1）常用握笔法。

（2）操作者握持显微持针器的手指主要是拇指、示指、中指，拇指和示指分别握住左右叶片柄部，中指置于柄部下端，夹持缝针时拇指、示指轻轻用力收紧使头部闭合，缝合结束后拇指、示指放松，在尾部弹簧的作用下头部立即分开。

2. 传递（图1-10-25）。

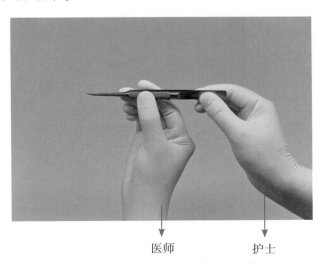

医师　　　　　　护士

图1-10-25 显微持针器的传递手法

（1）护士握持显微持针器尾部近柄部的1/3处，采用平行传递法进行传递。

（2）医师接过后，以拇指和示指握住显微持针器柄部近工作端的1/3处，中指置于柄部下方作为支点，准备操作。

【维护保养】

1. 保持显微持针器头部圆滑，外表无锋棱、毛刺、裂纹，头部齿形、柄部花纹清晰完整，如产生裂纹、磨损、变形等缺陷应及时更换。

2. 使用中性清洁剂进行清洗，避免撞击头部，显微持针器为精细器械，建议流动水下清洗。

3．勿将显微持针器浸泡于生理盐水。

【注意事项】

1．勿夹持7/0以上的带缝合线的缝针。

2．使用后立即用擦拭法去除显微持针器上血液。

3．术中妥善保管显微持针器，将其与其他手术器械分开保管，避免撞击头部或掉落，减少磨损。

【器械危险度分级】

高度危险口腔器械，应达到灭菌水平。

八、显微血管阻断夹

【结构】

1．显微血管阻断夹（图1-10-26）由不锈钢或钛合金制成。

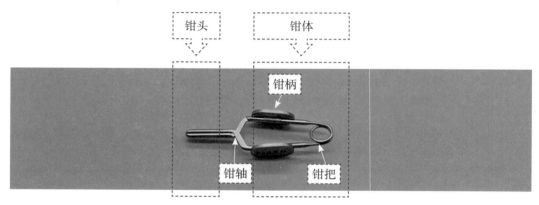

图1-10-26　显微血管阻断夹

2．显微血管阻断夹有直头和弯头2种型号，由钳体和钳头组成，钳体分为钳柄和钳把，钳柄左右交叉连接形成阻断钳，交叉点即为钳轴。

【功能】

显微血管阻断夹可用于显微手术中夹持微血管阻断血液流动。

【四手操作中的应用】

1．握持（图1-10-27）：操作者用拇指和示指握住显微血管阻断夹的钳柄来夹持微血管。

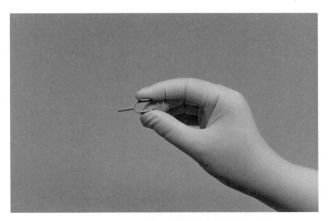

图1-10-27　显微血管阻断夹的握持手法

2. 传递（图1-10-28）。

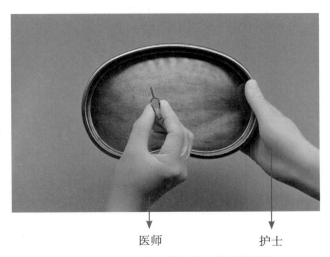

医师　　　　　　　护士

图1-10-28　显微血管阻断夹的传递手法

（1）护士将显微血管阻断夹置于弯盘中，采用间接传递法进行传递。

（2）医师从弯盘内取出显微血管阻断夹，准备操作。

【维护保养】

1. 保持显微血管阻断夹无裂纹、磨损、变形、弯曲等缺陷。

2. 使用中性清洁剂进行清洗，显微血管阻断夹为精细器械，建议流动水下手洗。

3. 勿将显微血管阻断夹浸泡于生理盐水。

【注意事项】

因显微血管阻断夹体积微小，在不使用的情况下应清洗干净，妥善保存。

【器械危险度分级】

高度危险口腔器械，应达到灭菌水平。

九、腭裂开口器

【结构】

1. 腭裂开口器（图1-10-29）由不锈钢或钛合金制成。

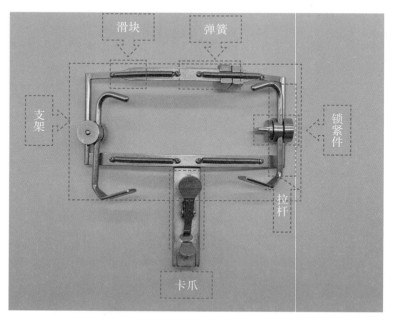

图1-10-29　腭裂开口器

2. 腭裂开口器由支架、拉杆、卡爪、弹簧、滑块、锁紧件组成，并配有大号、中号、小号三种规格的压舌板（图1-10-30）。

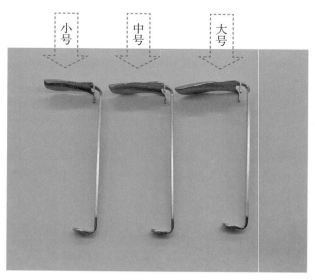

图1-10-30　腭裂开口器压舌板

【功能】

1. 辅助张口：滑块前端撑开上颌，压舌板安装于卡爪处下压舌根及下颌，使口张开。

2. 固定全麻气管导管：压舌板下压舌根后显露咽腔，同时有固定全麻气管导管的作用。

3. 暴露口腔：拉杆将口角拉开后用锁紧件锁紧，充分暴露口腔。

4. 暴露术野：弹簧处固定手术缝线，用于牵引腭瓣以暴露术野。

【四手操作中的应用】

1. 握持（图1-10-31）。

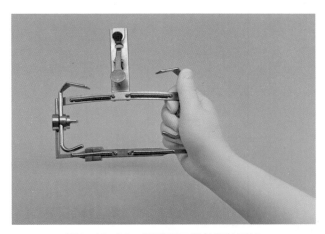

图1-10-31　腭裂开口器的握持手法

（1）常用掌握法。

（2）操作者一手拇指和其余四指分别握住腭裂开口器支架的一侧，另一手协助放置压舌板，打开上下颌并固定舌。

2. 传递（图1-10-32）。

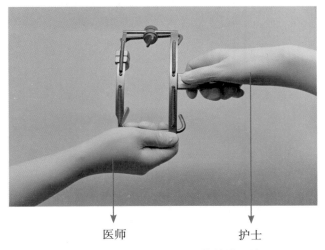

医师　　　　　　　护士

图1-10-32　腭裂开口器的传递手法

（1）护士用一手握住安装好的压舌板下1/3处，采用平行传递法进行传递。

（2）医师接过后，用掌握法握住腭裂开口器的支架，准备操作。

【维护保养】

1．保持腭裂开口器无裂纹、磨损、变形等缺陷。

2．使用中性清洁剂进行清洗，避免撞击。

3．清洗后干燥保存。

4．勿将腭裂开口器浸泡于生理盐水。

【注意事项】

1．使用前后检查腭裂开口器的零部件是否完整，有无变形。

2．护士根据病人的年龄和体重选择合适的压舌板，安装好压舌板后再传递给医师。

3．操作时，腭裂开口器的滑块前端不能卡住牙齿，应放在前牙牙槽突处。

4．安放好腭裂开口器后，检查压舌板是否压迫气管插管。

5．术中妥善保管腭裂开口器，将其与其他手术器械分开保管，避免撞击或掉落，减少磨损。

【器械危险度分级】

高度危险口腔器械，应达到灭菌水平。

十、腭黏膜剥离器

【结构】

1．腭黏膜剥离器（图1-10-33）由不锈钢或钛合金制成。

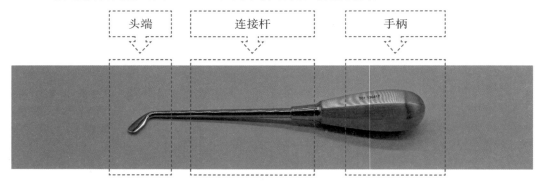

| 头端 | 连接杆 | 手柄 |

图1-10-33　腭黏膜剥离器

2．腭黏膜剥离器由头端、连接杆和手柄组成，头端为椭圆形，侧视呈月牙状，构成上下两个弧面，手柄为圆锥体形。

【功能】

1．剥离硬腭处口腔层及鼻腔层黏骨膜瓣：腭黏膜剥离器可用于腭裂手术过程中剥离硬腭处口腔层及鼻腔层黏骨膜瓣。

2．剥断翼钩：腭黏膜剥离器可用于腭裂手术过程中剥断翼钩。

【四手操作中的应用】

1．握持（图1-10-34）。

图1-10-34 腭黏膜剥离器的握持手法

（1）常用反掌拇指法。

（2）操作者右手示指、中指、无名指及小指并拢与拇指分开，握住腭黏膜剥离器手柄。

2. 传递（图1-10-35）。

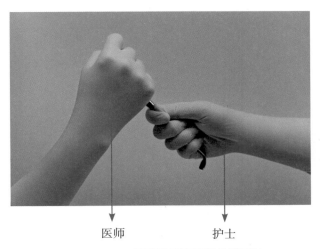

医师　　　　　护士

图1-10-35 腭黏膜剥离器的传递手法

（1）护士以右手握持腭黏膜剥离器连接杆处，采用平行传递法进行传递。

（2）医师接过后，以反掌拇指法握住腭黏膜剥离器的手柄，准备操作。

【维护保养】

1. 保持腭黏膜剥离器平整，表面光洁，无锋棱、毛刺、裂纹。

2. 使用完毕应及时清洗。

3. 勿将腭黏膜剥离器浸泡于生理盐水。

4. 术中妥善保管，避免撞击或掉落，减少磨损。

【注意事项】

1. 使用时腭黏膜剥离器避免撞击病人牙齿。

2. 腭黏膜剥离器头端避免磨损，如有锋棱、毛刺、裂纹应及时更换，以免影响使用效果。

【器械危险度分级】

高度危险口腔器械，应达到灭菌水平。

第十一节 口腔颌面部医疗美容常用器械

一、鼻整形D型刀

【结构】

1. 鼻整形D型刀（图1-11-1，图1-11-2）由不锈钢制成，分为工作端和手柄。

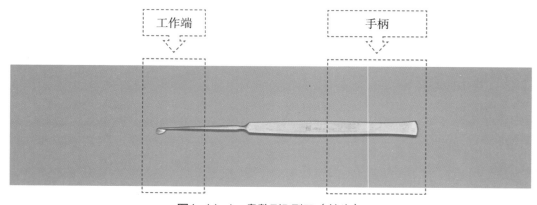

图1-11-1 鼻整形D型刀（单头）

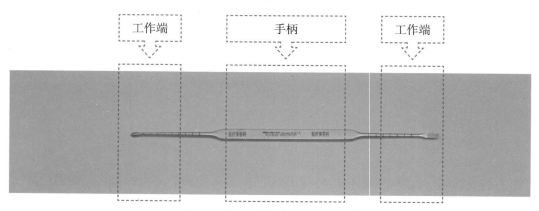

图1-11-2 鼻整形D型刀（双头）

2. 根据工作端的数量，鼻整形D型刀可分为单头和双头两种。

【功能】

剥离鼻部软骨和软骨膜：鼻整形D型刀可用于鼻部整形手术时剥离鼻部软骨和软骨膜。

【四手操作中的应用】

1. 握持（图1-11-3）。

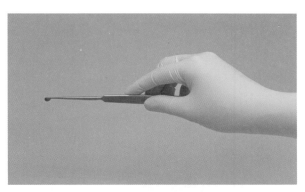

图1-11-3　鼻整形D型刀的握持手法

（1）常用抓持法。

（2）拇指和中指抓持鼻整形D型刀的手柄，示指沿鼻整形D型刀的工作端伸展，作为支点。

2. 传递（图1-11-4）。

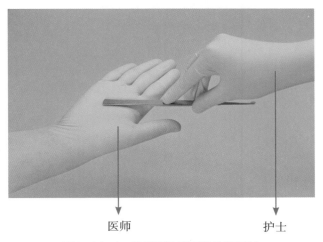

医师　　　　　　　　　　护士

图1-11-4　鼻整形D型刀的传递手法

（1）护士握持鼻整形D型刀手柄近工作端的1/3处，将手柄朝向医师，借助手腕部力量将手柄端传递于医师掌心。

（2）医师接过手柄端，准备操作。

【维护保养】

1. 保持鼻整形D型刀工作端无毛刺、裂纹，工作端卷刃、磨损时应及时更换，确保器械锋利度。

2. 工作端有磨损时应及时更换，避免术中剥离不当或损伤周围组织等。

【注意事项】

1. 使用时应根据手术需要选择合适的型号，避免术中剥离不当或损伤软骨等。

2. 使用完毕后，鼻整形D型刀应沿原路径退出术区，防止损伤术区周围组织。

3. 传递双头鼻整形D型刀时，需用纱布包裹另一工作端，避免误伤医师。

【器械危险度分级】

高度危险口腔器械，应达到灭菌水平。

二、秤砣拉钩

【结构】

1. 秤砣拉钩（图1-11-5）由不锈钢制成，分为秤砣、链条和拉钩三部分。

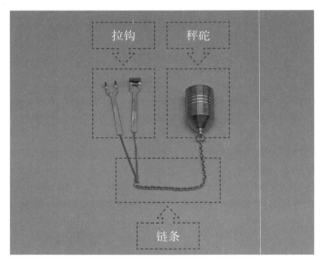

图1-11-5　秤砣拉钩

2. 秤砣、链条和拉钩三部分可拆卸，可根据手术需求进行不同的搭配。

【功能】

暴露术野：在鼻部手术、眼部手术及其他需长时间暴露术区的手术中，自助式拉钩可用于保持术野开阔，节省人力。

【四手操作中的应用】

1. 握持（图1-11-6）。

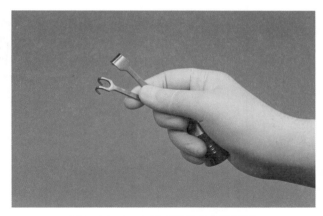

图1-11-6　自助式拉钩的握持手法

（1）常用掌拇指法。

（2）将秤砣及链条握于掌心，拇指和示指抓持拉钩柄部。

2. 传递（图1-11-7）。

医师　　　　　　　　　　　　　　护士

图1-11-7　秤砣拉钩的传递手法

（1）护士借助弯盘间接传递，双手托住弯盘平稳传递给医师。

（2）医师右手拇指、示指及中指抓持拉钩柄部，左手将秤砣及链条从弯盘内拿出后放置于右手掌心，准备操作。

【维护保养】

保持链条顺滑，无缠绕、打结；保持拉钩形态完好，工作端磨损时应及时更换，以免误伤术区周围组织。

【注意事项】

1. 使用前用无菌生理盐水湿润拉钩工作端。

2. 使用时需用帕巾钳将秤砣拉钩稳妥固定于能承重的无菌术区。

3. 固定秤砣拉钩时应松紧适宜，确保能自由调节链条长度。

4. 由于秤砣拉钩秤砣重量较大，传递过程中需要借助弯盘双手传递，传递过程中需保持重心平稳，避免不慎滑落，造成器械污染或误伤医务人员及病人。

【器械危险度分级】

高度危险口腔器械，应达到灭菌水平。

三、软骨挤压器

【结构】

软骨挤压器（图1-11-8）由不锈钢制成，分为挤压面和承重面，两面由活动关节连接。挤压面和承重面均有凹槽及横纹。

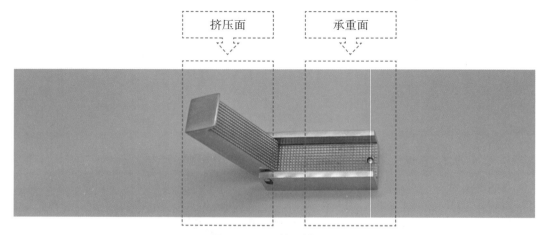

图1-11-8　软骨挤压器

【功能】

制备软骨：软骨挤压器可用于自体骨隆鼻术中制备肋软骨或耳软骨碎片。

【四手操作中的应用】

1. 握持（图1-11-9）。

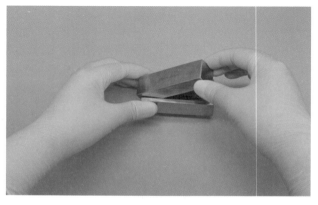

图1-11-9　软骨挤压器的握持手法

（1）常用抓持法。

（2）将挤压器置于平稳无菌台面，软骨置于挤压器两面之间，左手固定活动关节处，右手借助身体的力量垂直往下用力按压制备软骨。

2. 传递（图1-11-10）。

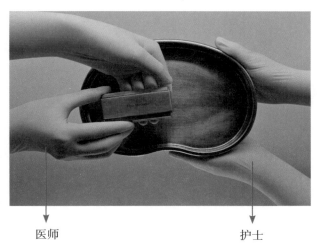

医师   护士

图1-11-10 软骨挤压器的传递手法

（1）护士传递时借助弯盘间接传递，双手托住弯盘平稳传递给医师。

（2）医师右手抓持软骨挤压器外侧，左手托住软骨挤压器底部，从弯盘内拿出后置于平稳无菌台面，准备操作。

【维护保养】

1. 使用后及时清洁横纹及凹槽内的残留组织。

2. 定期润滑活动关节，保持关节灵活。

3. 挤压面与承重面不能紧密贴合时需及时更换，避免软骨制备不合格。

【注意事项】

1. 挤压过程中应将手指置于软骨挤压器关节外侧，避免压伤手指。

2. 如人体力量按压不能达到软骨制备目的，可借助骨锤等工具敲击软骨挤压器辅助制备软骨。

3. 传递过程中需借助弯盘双手传递，传递过程中保持重心平稳，避免软骨挤压器不慎滑落，造成器械污染或误伤医务人员及病人。

【器械危险度分级】

高度危险口腔器械，应达到灭菌水平。

四、鼻角度尺

【结构】

鼻角度尺（图1-11-11）由不锈钢制成，为一体式不规则多边形，包含30°、45°、60°、90°、120°、135° 等角度，每一条棱上均有长度测量刻度。

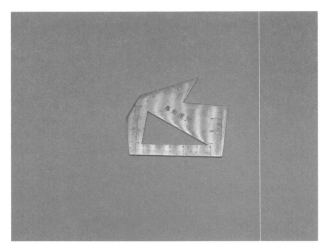

图1-11-11 鼻角度尺

【功能】

测量：鼻角度尺可用于鼻部角度及长度测量。

【四手操作中的应用】

1．握持（图1-11-12）。

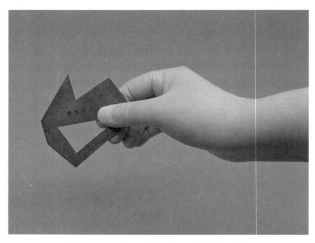

图1-11-12 鼻角度尺的握持手法

（1）常用抓持法。

（2）拇指、示指、中指抓持鼻角度尺的一个角，将适宜角度倚靠在需测量的部位进行测量。

2．传递（图1-11-13）。

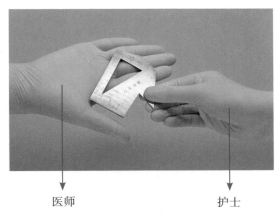

医师   护士

图1-11-13　鼻角度尺的传递手法

（1）护士持鼻角度尺一侧，最尖锐角朝向掌心，将鼻角度尺水平传递给医师。

（2）医师接过鼻角度尺准备测量。

【维护保养】

1. 保持鼻角度尺表面平整、光滑，无锋棱、毛刺、裂纹，刻度清晰。

2. 鼻角度尺刻度模糊不清时需及时更换，避免测量不准确。

【注意事项】

1. 鼻角度尺工作端锐利，在传递和使用过程中应防止误伤医务人员及病人。

2. 传递过程中也可借助弯盘进行间接传递，因鼻角度尺较薄，借助弯盘传递时必须包裹纱布以方便拿取。

【器械危险度分级】

1. 术中使用鼻角度尺属高度危险口腔器械，应达到灭菌水平。

2. 术前设计使用鼻角度尺属低度危险口腔器械，应达到低水平或中水平消毒水平。

五、鼻引导器

【结构】

鼻引导器（图1-11-14）由不锈钢制成，由手柄、工作端组成，工作端呈弧形薄片状。

工作端   手柄

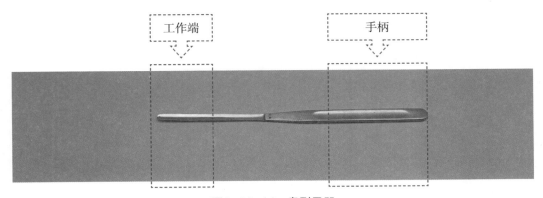

图1-11-14　鼻引导器

【功能】

引导假体：鼻引导器可用于鼻部整形术时引导鼻假体，使之置于拟定术区。

【四手操作中的应用】

1. 握持（图1-11-15）。

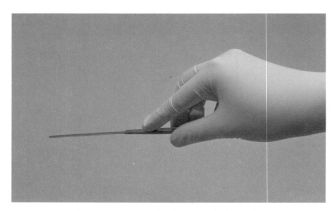

图1-11-15　鼻引导器的握持手法

（1）常用抓持法。

（2）拇指和中指持鼻引导器手柄，示指沿工作端方向伸展，作为支点。

2. 传递（图1-11-16）。

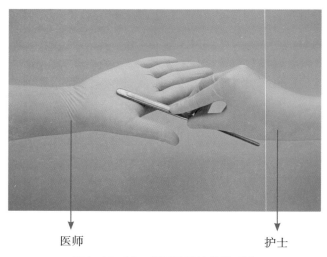

医师　　　　　　　　　　　　　　　　　护士

图1-11-16　鼻引导器的传递手法

（1）护士以右手持鼻引导器手柄近工作端的1/3处，将手柄朝向医师，借助手腕部力量将手柄传递于医师掌心。

（2）医师接过鼻引导器手柄，准备操作。

【维护保养】

1. 保持工作端头部圆润，表面光洁，无毛刺、裂纹。

2. 切勿将工作端形态受损的鼻引导器反复灭菌使用，应及时更换，否则可能误伤术区周围完好组织。

【注意事项】

1. 使用前用无菌生理盐水浸湿鼻引导器工作端。

2. 使用前确认鼻引导器工作端形态完好，表面光洁。

【器械危险度分级】

高度危险口腔器械，应达到灭菌水平。

六、鼻剥离器

【结构】

鼻剥离器（图1-11-17）由不锈钢制成，分为手柄和工作端，工作端前部呈弧形。

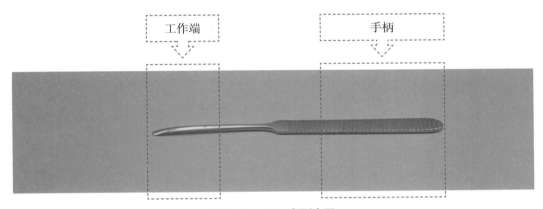

图1-11-17　鼻剥离器

【功能】

剥离：鼻剥离器适用于剥离鼻部软组织。

【四手操作中的应用】

1. 握持（图1-11-18）。

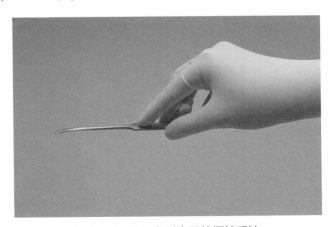

图1-11-18　鼻剥离器的握持手法

（1）常用抓持法。

（2）拇指和中指抓持鼻剥离器手柄，示指沿工作端方向伸展，作为支点。

2．传递（图1-11-19）。

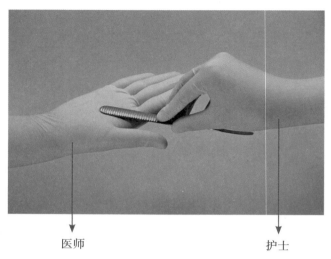

医师   护士

图1-11-19 鼻剥离器的传递手法

（1）护士以右手持鼻剥离器手柄近工作端的1/3处，工作端弧形朝上，将手柄朝向医师，借助手腕部力量将手柄传递于医师掌心。

（2）医师接过鼻剥离器手柄，准备操作。

【维护保养】

1．保持工作端圆润，表面光洁。

2．工作端有磨损时应及时更换，避免术中损伤周围组织。

【注意事项】

1．使用鼻剥离器时需力度适中，避免损伤周围组织。

2．使用鼻剥离器后沿原路径退出术区，避免损伤周围组织。

【器械危险度分级】

高度危险口腔器械，应达到灭菌水平。

第十二节 医学影像科常用器械

平行投照支架

【结构】

1．平行投照支架（图1-12-1至图1-12-4）可由金属或塑料制成，由持片部、指示杆及定位环等组成，可拆卸，由指示杆连接。

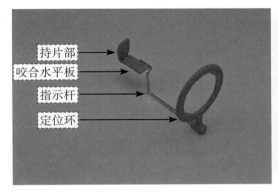

图1-12-1　平行投照支架（前牙区）　　图1-12-2　平行投照支架（右上颌、左下颌区）

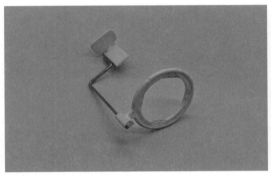

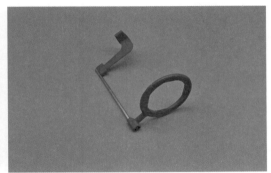

图1-12-3　平行投照支架（左上颌、右下颌区）　　图1-12-4　平行投照支架（咬翼片）

2. 平行投照支架根据拍摄牙位及功能不同可以分为前牙区平行投照支架，右上颌、左下颌区平行投照支架，左上颌、右下颌区平行投照支架，咬翼片平行投照支架。

【功能】

拍摄数字化根尖片：平行投照支架可通过病人咬合，使成像板与牙长轴平行，定位环定位球管射线方向，垂直于成像板，使拍摄的牙齿及其周围结构的X射线图像真实，失真变形程度小。

【使用方法】

1. 平行投照支架准备：拍摄前、后牙时，需选择相应的平行投照支架，正确连接各部件，拍摄后牙时，1区与3区、2区与4区可分别使用相同的平行投照支架。

2. 胶片放置及固定。

（1）固定成像板于平行投照支架持片部，确保感光面一侧位于被照牙的舌腭侧。

（2）投照前牙，成像板竖放；投照后牙，成像板横放。被照牙位于成像板中间，嘱病人咬住咬合水平板，适当调整病人咬合方向，以确保成像板与被照牙长轴平行，并检查成像板固定情况，避免因咬合发生移位。

3. 球管位置：球管长轴应与指示杆平行，球筒边缘与定位环边缘重合。

【维护保养】

1. 保持平行投照支架形状完整，勿折损。

2. 勿将持片部、指示杆、定位环等一起消毒，应将平行投照支架拆卸，根据部件材质的不同选择合适的消毒温度和消毒方式。

【注意事项】

1. 因部分器械需放入病人口内，病人可能出现恶心、呕吐、疼痛等不适症状，应提前和病人做好解释工作。

2. 部分病人可能口腔较小、腭部低平、口底较浅等，可采用纱球等垫高咬合部。如垫高后病人仍无法正常咬合，可能会导致图像不完整等成像质量问题，应及时和开单医师沟通。

【器械危险度分级】

中度危险口腔器械，应到灭菌或高水平消毒水平。

第二章 口腔常用设备

第一节　口腔常用基本设备

一、口腔综合治疗椅

随着口腔诊疗技术及设备的不断发展完善，口腔综合治疗椅（图2-1-1）已成为口腔治疗不可缺少的重要组成部分。口腔综合治疗椅又称口腔手术椅、牙科手术椅，其设计符合人类工效学原理，且自动控制程度较高，已在口腔领域广泛应用。

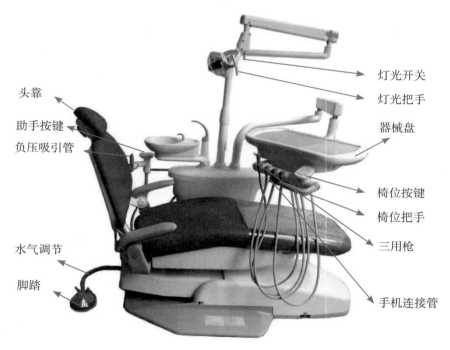

图2-1-1　口腔综合治疗椅

【功能】

口腔综合治疗椅是由综合治疗机和牙椅组成，是口腔临床工作的基本设备。它将口腔治疗的多种仪器合理设计于一身，满足了多项操作要求。其配置齐全、性能可靠、舒适安全、操作简便，适用于口腔各临床疾病的诊断、治疗等操作。

【操作流程】

口腔综合治疗椅操作流程如图2-1-2所示。

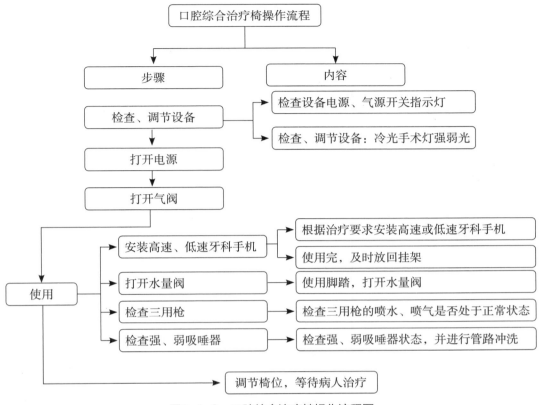

图2-1-2 口腔综合治疗椅操作流程图

【维护保养】

1. 每日诊疗结束后，先关闭电源开关，并排放空气压缩机系统内的余气。

2. 选用合适的消毒剂每日对设备表面进行擦拭和清理，以保持清洁、美观。

3. 使用高速、低速牙科手机头、三用枪、洁牙机头时需轻拿轻放，注意用完后及时放回挂架以免污染或掉落。

4. 定时擦拭冷光手术灯，保证灯光达到治疗要求亮度，在不使用时应关闭冷光手术灯，节能节电。

5. 及时清洗吸唾器过滤网，保持强、弱吸唾器通畅。

6. 定期清理过滤器，保持通气干净、通畅。

7. 切忌在器械盘上放置重量超过2kg的物品，以免造成器械盘损坏。

8. 严格遵照相关技术标准维护保养牙科手机。

【常见故障原因及处理】

口腔综合治疗椅常见故障原因及处理见表2-1-1。

表2-1-1　口腔综合治疗椅常见故障原因及处理

问题	原因	处理
设备不工作	电源开关未接通	接通电源开关
手机无水喷出	气源未接入	接通气源
	水压太低	调节水压
	水量阀未打开	打开水量阀
	器械盘处微型水过滤器堵塞	清洗微型水过滤器
冷光手术灯不亮	灯泡烧坏	更换灯泡
	灯脚接触不良或导线烧断	更换灯脚或焊接导线
	冷光手术灯开关接触不良	更换冷光手术灯开关
吸唾器不吸水	吸唾阀失灵	更换吸唾阀的密封胶垫
	吸唾器过滤网或管道堵塞	清洗吸唾器过滤网或疏通吸唾器管道

【特别提示】
1. 每个病人治疗后，都应进行诊间消毒，避免交叉感染。
2. 使用椅位时，不应暴力使用。

二、光固化机

随着复合树脂材料的发展，其固化方式由最初的化学固化发展为光照射固化。目前，光固化机（图2-1-3）及复合树脂材料已被广泛应用于口腔疾病的治疗及前牙切角缺损的修复，取得了良好的效果。这一技术不仅扩大了牙科疾病的治疗及修复范围，而且满足了人们对美容、美齿的需求。

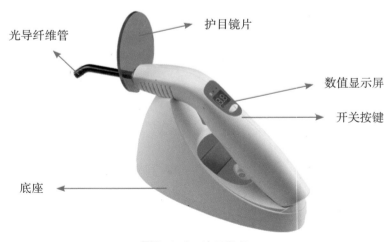

图2-1-3　光固化机

【功能】
光固化机可用于牙科光动力材料和黏合剂的固化。

【操作流程】

光固化机操作流程如图2-1-4所示。

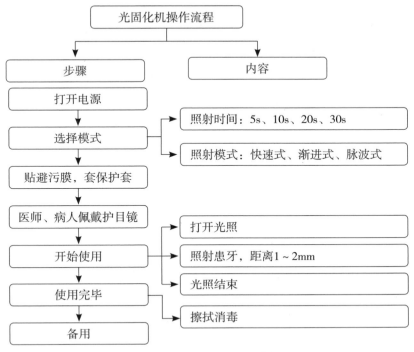

图2-1-4　光固化机操作流程图

【维护保养】

1. 光固化机在运输及使用过程中，应避免用力折断、碰撞。

2. 使用时，用避污膜包裹手握部位，将一次性透明塑料薄膜套在光导纤维管上；治疗结束后用中性消毒湿纸巾擦拭消毒，以免交叉感染。

3. 定期对光导纤维管进行清洁，避免因树脂或污物黏在光导纤维管的端头影响光照效果。

4. 由于电池寿命有限，随着锂电池充电次数的增多，每次充电后使用时间缩短，必要时可更换电池。长期不使用时，将电池取出，且远离火源。

5. 定期检查光固化机的输出强光。

【常见故障原因及处理】

光固化机常见故障原因及处理见表2-1-2。

表2-1-2　光固化机常见故障原因及处理

问题	原因	处理
打开电源不能工作，指示灯不亮	电池电量不足	将电池充电或更换电池
打开电源后，无光发出	电池安装错误	重新安装电池
	未长按开机键	长按开机键开机
	光导纤维管未安装好	重新安装光导纤维管

问题	原因	处理
打开电源后，光强度变弱	光导纤维管上有残留树脂	清洁光导纤维管
	光导纤维管未安装好	重新安装光导纤维管
充电后，使用时间缩短	电池老化	更换电池

【特别提示】

1．每个病人使用前，都要对光导纤维管进行消毒。

2．使用时，给病人戴上避光护目镜。

三、高频电刀

对于增生肥大的牙龈组织或后牙某些部位的中等深度牙周袋，为了重建牙龈的生理外形及正常的龈沟，需要做牙龈的切除。高频电刀（图2-1-5）是一种取代机械手术刀进行组织切割的电外科设备，具有切割速度快、止血效果好、操作简单、安全方便等优点，因而广泛应用于临床。

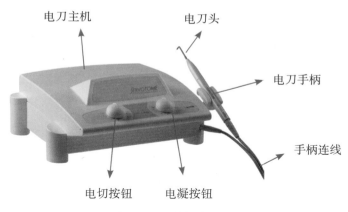

图2-1-5　高频电刀

【功能】

高频电刀是一种主要用于软组织切割及止血的电外科设备，操作简单，在外科手术中常代替传统手术刀。

【操作流程】

高频电刀操作流程如图2-1-6所示。

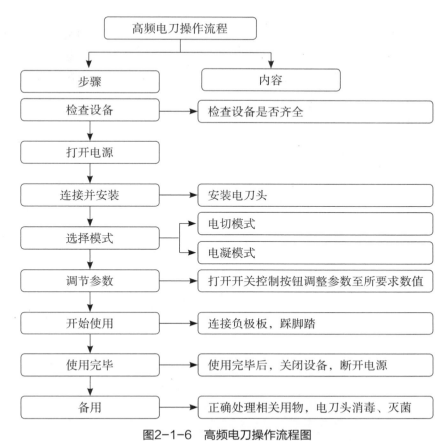

图2-1-6　高频电刀操作流程图

【维护保养】

1. 使用前检查高频电刀性能是否良好。

2. 严格执行操作流程，使用完毕后先关闭电源并拔下插头，再用中性消毒剂对主机、负极板连线进行清洁消毒。

3. 电刀手柄未接触病人组织前不得输出功率，否则可能损坏手柄或主机。

【常见故障原因及处理】

高频电刀常见故障原因及处理见表2-1-3。

表2-1-3　高频电刀常见故障原因及处理

问题	原因	处理
开机后不能完成自检	软件或部件故障	重启电刀，如仍不能完成自检，启用备用电刀并及时联系维修
电刀没有输出	功率太低或电刀头损坏	增大功率输出值，如仍没有输出，则更换电刀头
负极板指示报警灯报警	负极连线插头松脱	负极连线插头与主机紧密连接
	负极板与病人身体接触不良	确保负极板与病人皮肤紧密接触

【特别提示】

1. 根据手术部位、方式及病人年龄调节输出功率，应从小到大逐渐调整至合适功率。

2. 负极板的表面全部同病人的衣服接触，避免与病人有直接的皮肤接触。

3. 有心脏起搏器或金属植入物者不能使用，如因手术需要必须使用，电流回路应避开心脏起搏器或金属植入物，每次使用时间尽量缩短。

4. 术中暂停使用高频电刀时，须将电刀手柄远离手术区域。如术中遇可燃气体或液体，应避免或小心使用高频电刀。

四、正压压膜机

正畸治疗结束后需要佩戴适宜的保持器，减少牙齿的移动，降低复发率，保证正畸治疗的效果。Hawley保持器、压膜式透明保持器、固定式舌侧保持器是目前最常用的3种保持器，其中压膜式透明保持器具有平均厚度薄、取戴方便、美观舒适、易于清洁保存等优点，在临床中应用最为广泛。压膜式透明保持器使用正压压膜机（图2-1-7）制作。

图2-1-7　正压压膜机

【功能】

正压压膜机是将高分子透明树脂膜片加热软化，然后在真空下冲压成形，以制作压膜式透明保持器的设备。

【操作流程】

正压压膜机操作流程如图2-1-8所示。

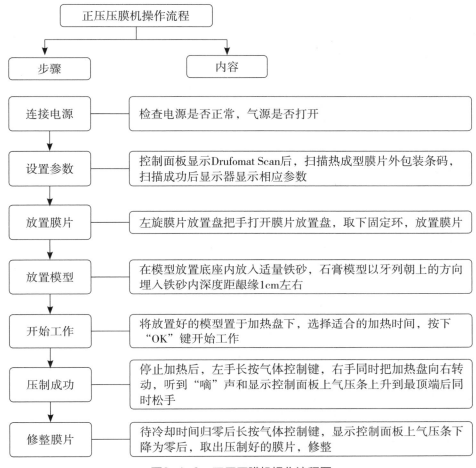

图2-1-8 正压压膜机操作流程图

【维护保养】

日常维护可使用柔软的干布擦拭设备表面,必要时也可使用蘸取柔和清洁剂的海绵擦拭,需注意水和清洁剂不能漏入机器。在进行维护保养之前应切断电源、气源。应由专业人员进行定期检修和维护。

【常见故障原因及处理】

正压压膜机常见故障原因及处理见表2-1-4。

表2-1-4 正压压膜机常见故障原因及处理

故障	原因	处理
主机启动失败	电源线连接错误	断开电源,检查后重新连接
	电源开关/保险丝损坏	联系维修人员检查并更换
活塞无法下移	主机未连接到压缩空气	连接压缩空气
	按键损坏	联系维修人员更换

故障	原因	处理
活塞无法上移	按键操作错误	操作时应按键1s
	电磁阀损坏	联系维修人员更换
加热时间归零后，膜片未能完全塑化	石英散热器过期	更换
	加热时间太短	加热时间延长5~10s
条形码扫描失败	扫描仪处于睡眠状态	按任意键重新启动
	扫描仪或电子元件损坏	联系维修人员进行检修
主机在热压成型过程中发出"嘶嘶"声	通风阀未关闭	关闭通风阀
	张力圈未正确安装于膜片放置盘	将张力圈安装于正确位置
	四方圈处于干燥状态	联系维修人员，切勿自行处理

【特别提示】

1. 将设备置于稳定平坦的底座上，该底座至少能够承受20kg的重量。

2. 在开启设备前必须确保机器上标明的伏特数与电源上的伏特数一致。

3. 操作人员使用前需已阅读和理解使用说明书。

4. 压缩空气压力参照说明书设置。

5. 勿阻止活塞向下移动。

6. 勿修改已设置好的程序。

7. 面板和标签必须保持清楚，禁止移动。

8. 石膏模型应经过消毒处理后再进行压制。

9. 使用完毕后关闭电源、气源开关，清理压膜台面，废弃的石膏模型及膜片应放入指定容器。

五、计算机控制局部麻醉系统

牙科恐惧症（dental fear）是指病人在牙科诊治过程中由于不同程度的害怕和紧张，在行为上出现敏感性增高、耐受性降低甚至逃避治疗的现象。疼痛是口腔治疗中最常引发的问题，是牙科恐惧症的核心所在，严重时可导致交感神经系统兴奋、心率加快、血压升高。尤其对于患有心脑血管疾病等全身疾病的病人，可诱发或加重原有疾病，导致严重的并发症。因此，如何减轻病人的疼痛和恐惧感，减少牙科恐惧症的发生，降低手术风险，成为目前亟需解决的问题。计算机控制局部麻醉系统（single tooth anesthesia，STA）（图2-1-9）是一种由计算机控制的局部麻醉注射仪，可有效减低局部麻醉注射过程中的疼痛和不适感，提升病人治疗依从性，降低麻醉注射操作的风险，通过计算机控制的流速更符合麻醉剂要求的注射速度，麻醉效果佳、起效迅速，可达到单颗牙的局部麻醉，减少口腔局部麻醉并发症的发生，提高麻醉安全性，为无痛局部麻醉注射提供新方法。

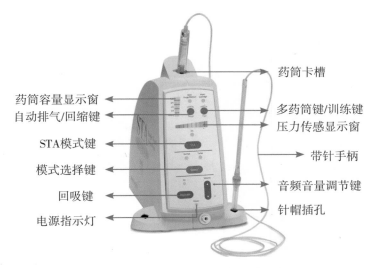

药筒卡槽

药筒容量显示窗
自动排气/回缩键
多药筒键/训练键
压力传感显示窗
STA模式键
带针手柄
模式选择键
回吸键
音频音量调节键
电源指示灯
针帽插孔

图2-1-9　计算机控制局部麻醉系统

【功能】
计算机控制局部麻醉系统可用于牙科局部麻醉药的皮下或肌内注射。

【操作流程】
计算机控制局部麻醉系统操作流程如图2-1-10所示。

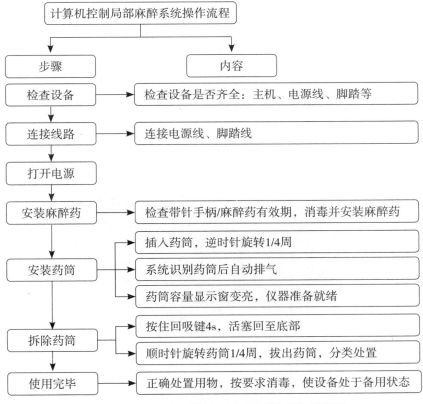

计算机控制局部麻醉系统操作流程

步骤	内容
检查设备	检查设备是否齐全：主机、电源线、脚踏等
连接线路	连接电源线、脚踏线
打开电源	
安装麻醉药	检查带针手柄/麻醉药有效期，消毒并安装麻醉药
安装药筒	插入药筒，逆时针旋转1/4周
	系统识别药筒后自动排气
	药筒容量显示窗变亮，仪器准备就绪
拆除药筒	按住回吸键4s，活塞回至底部
	顺时针旋转药筒1/4周，拔出药筒，分类处置
使用完毕	正确处置用物，按要求消毒，使设备处于备用状态

图2-1-10　计算机控制局部麻醉系统操作流程图

【维护保养】

1. 使用后用消毒湿巾进行擦拭消毒。

2. 未使用时，用保护套罩住防尘。

3. 定期对活塞及"O"型圈进行润滑，并检查"O"型圈有无破损，如有破损及时更换。

【常见故障原因及处理】

计算机控制局部麻醉系统常见故障原因及处理见表2-1-5。

表2-1-5 计算机控制局部麻醉系统常见故障原因及处理

问题	原因	处理
无法有效回吸	放入药筒内的为半支麻醉药，系统仍识别为满支麻醉药，影响正常回吸	重新安装整支麻醉药
安装药筒后药筒容量显示窗未正常显示	药筒与计算机控制局部麻醉系统未紧密连接	取下药筒重新安装，药筒必须与计算机控制局部麻醉系统紧密连接
	药筒未逆时针旋转1/4周	安装药筒时逆时针旋转1/4周
脚踏无反应	脚踏线连接有误	重新连接脚踏线
	通气软管有破损	更换破损的通气软管

【特别提示】

1. 安装和拆卸药筒时要一步到位，不要在卡槽内来回旋转。

2. 每次安装药筒必须是整支麻醉药。

六、全麻及镇静口腔综合治疗台

随着口腔全身麻醉（简称"全麻"）技术的不断发展，儿童舒适化治疗理念越来越被广大患儿家长认可。对于年龄小、有牙科恐惧症或其他特殊原因（如患有自闭症、精神发育迟缓等）的患儿，全麻下舒适化治疗成为重要方法。在舒适化治疗过程中，全麻及镇静口腔综合治疗台（图2-1-11）属于基础设备。

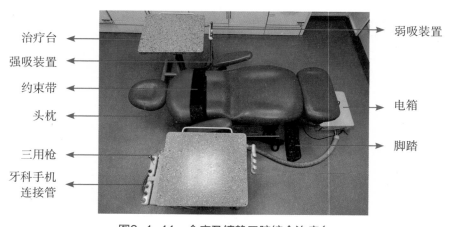

治疗台　强吸装置　约束带　头枕　三用枪　牙科手机连接管　弱吸装置　电箱　脚踏

图2-1-11　全麻及镇静口腔综合治疗台

【功能】
全麻及镇静口腔综合治疗台可用于口腔诊断、治疗及牙科手术。
【操作流程】
全麻及镇静口腔综合治疗台操作流程如图2-1-12所示。

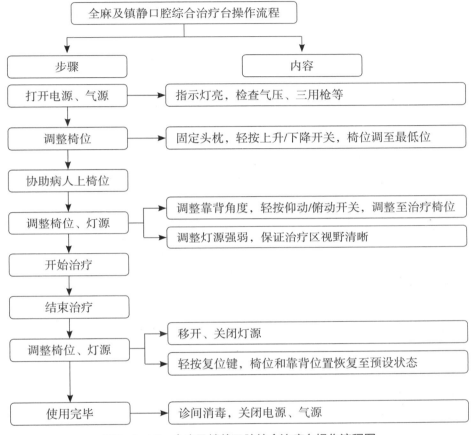

图2-1-12　全麻及镇静口腔综合治疗台操作流程图

【维护保养】
1. 选用合适的消毒剂每日对椅垫、椅背表面进行擦拭和清理，以保持清洁、美观。
2. 工作时噪声过大或产生异味时应立即切断电源，通知维修人员进行维修。
3. 使用各个开关按键时，不得用力过猛。
4. 使用过程中如有故障，必须及时排除。
5. 及时清洗吸唾器过滤网，保持强、弱吸唾器下水通畅。
【常见故障原因及处理】
全麻及镇静口腔综合治疗台常见故障原因及处理见表2-1-6。

表2-1-6　全麻及镇静口腔综合治疗台常见故障原因及处理

问题	原因	处理
三用枪故障	正压带水导致气中带水	治疗开始前与结束后排出空气
	按压键回弹失效	维修或更换三用枪
	密闭管老化、破损	更换密闭管
椅位工作时发生异常	异物卡住传动系统	排除异物，维修传动系统
	丝杠变形或磨损、缺油	更换丝杠或加润滑油
牙科手机工作异常	数据线固定不牢固	维修并固定数据线
	控制电路板老化	更换电路板
	阀体、管路及开关有水垢或老化破损、滑丝	清除水垢或更换阀体、管路或开关
负压故障	负压电磁阀芯生锈、堵塞、松动	更换同规格的负压电磁阀
	负压过滤网和手柄堵塞、管路老化变形	更换过滤网、手柄或管路
	操作不当	严格规范化操作
手术灯不亮	灯泡损坏	更换灯泡
	线路破损或接触不良	及时进行检修

【特别提示】

1. 椅位升降时观察附近有无物体，避免碰撞损坏。
2. 吸唾器使用完毕后，必须用清水吸入冲洗，避免堵塞。
3. 治疗结束后，椅位应复原，以免升降装置长期负重而损坏。
4. 手术灯在不用时应关闭，避免手术灯因过热而损坏。

七、激光口腔治疗机

　　激光作为牙科领域的新技术，已受到越来越多的人的关注，是治疗口腔疾病的一种新手段。激光可进入牙周袋底和口腔内的任何领域，利用小能量的激光可以有效地封闭口腔的毛细血管，还能使细菌蛋白质分解、变性，达到消肿、止血和杀菌的功效；作用于牙本质，可以杀死部分神经细胞，达到脱敏的效果；还可以用来清除龋齿洞、牙根管内的坏死组织和污物以便于填补。其能量在阈值范围内可随意调节，具有良好的生物学特性，在口腔疾病的治疗中具有独特的优越性。本节以激光口腔治疗机（图2-1-13）为例进行介绍。

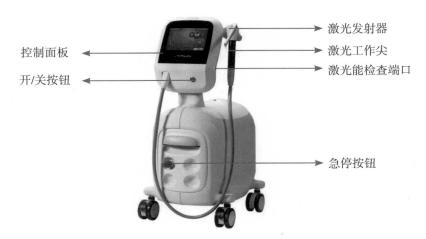

图2-1-13　激光口腔治疗机

【功能】

激光口腔治疗机可用于牙科治疗和美容，广泛用于牙周病和种植体周围炎的治疗及软组织手术和辅助牙齿美白等。

【操作流程】

激光口腔治疗机操作流程如图2-1-14所示。

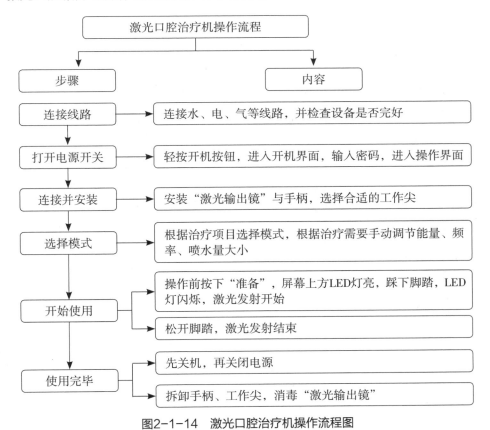

图2-1-14　激光口腔治疗机操作流程图

【维护保养】

1. 使用后对"激光输出镜"用75%乙醇擦拭消毒，直至镜面上无任何污渍。

2. 手柄及工作尖的外表面用75%乙醇擦拭后，采用高压蒸汽消毒灭菌。

【常见故障原因及处理】

激光口腔治疗机常见故障原因及处理见表2-1-7。

表2-1-7　激光口腔治疗机常见故障原因及处理

问题	原因	处理
光照不稳定	镜片过脏或损坏，光路有严重偏移	清洁或更换镜片，调整光路
开机后工作异常	操作项目参数设置错误	重新设置正确的操作项目参数
工作时无激光	水循环不通畅	清洁水泵，疏通水管
	激光管不发光	查看"激光输出镜"是否损坏，光路是否偏移，进行处理

【特别提示】

1. 安装、拆卸手柄时，一定先推动手柄卡环，再上推或下拉装卸手柄。

2. 安装反光"激光输出镜"时，亮面朝向工作尖。

3. 安装工作尖时，手柄朝下，防止外部残留水倒流。

4. 使用过程中，工作尖沾染血渍、组织时，应及时用湿棉球清洁，否则易损坏工作尖。

5. 勿用力牵拉激光发射器。

6. 医师、护士、病人同时佩戴激光防护眼镜，勿直视激光发射出口，不可与其他激光防护眼镜混用。

7. 出现任何紧急情况，可按下急停按钮，设备停止工作。

第二节　口腔内科常用设备

一、牙髓活力测试仪

牙髓活力测试仪（图2-2-1）是口腔诊疗中用于判断牙髓活力的仪器，测试结果通常与其他检查结果一起作为全面诊断的依据。

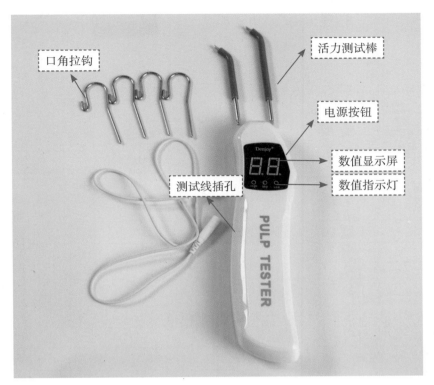

图2-2-1　牙髓活力测试仪

【功能】
　　牙髓活力测试仪是口腔科常用的一种检测仪器，是利用机器产生脉冲电流，对牙神经进行电刺激，通过牙齿对脉冲电流的耐受性大小来判断牙髓神经活力程度，为医师准确判断病人牙髓活力提供有效、可靠的依据。

【操作流程】
　　牙髓活力测试仪操作流程如图2-2-2所示。

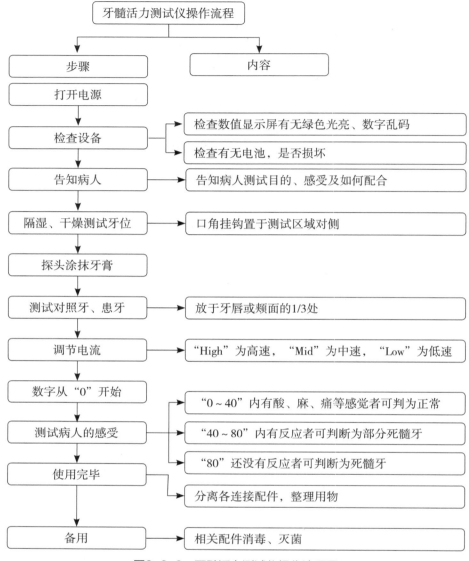

图2-2-2　牙髓活力测试仪操作流程图

【维护保养】

1. 每位病人用后应用中性消毒湿纸巾擦拭清洁主机及各配件。

2. 活力测试棒和口角挂钩使用后需要消毒、灭菌。

3. 日常保存于无日晒、无尘埃、无腐蚀性气体、无化学挥发物、干燥、通风良好的场所。长期未使用时，应取出电池。

4. 定期对产品进行保养检查，主要包括：

（1）检查电池电量是否充足，及时更换电池。

（2）检查电源开关能否正常打开、关闭。

（3）开机，检查各按钮是否灵活可用。

（4）检查模式开关、指示灯是否正常。

（5）检查活力测试棒、口角挂钩形态，测试线是否有破损、变形、氧化，要及时进行配件更换。

【常见故障原因及处理】

牙髓活力测试仪常见故障原因及处理见表2-2-1。

表2-2-1　牙髓活力测试仪常见故障原因及处理

问题	原因	处理
打开电源不能开机	电池电量不足	更换电池
	电池安装不正确	重新安装电池
	未长按开机键	重新开机
速度显示灯不转换	速度选择按钮失灵	开机重试
速度显示灯不亮	速度显示灯失灵	开机重试
测量时无反应	连接线损坏、插头接触不良	更换连接线，确认插头已插好
	活力测试棒未插到位	重新插好活力测试棒
	斜面和牙面未充分接触	使斜面和牙面充分接触
	口角挂钩未插到位，接触不良	将口角挂钩挂好并充分接触
	牙面未进行测前处理	处理牙面

【特别提示】

1. 对安装心脏起搏器或者严重心律失常病人禁止使用牙髓活力测试仪。

2. 每位病人使用后机身应使用消毒湿纸巾擦拭，活力测试棒和口角挂钩应消毒、灭菌。

3. 不使用时，牙髓活力测试仪应放置在平稳宽敞的地方，防止摔坏。

二、根管治疗用微型马达

根管治疗用微型马达（图2-2-3）又称根管扩大仪，是用电动马达驱动器械的牙髓类微型电动机，通常配合机用镍钛旋转根管扩锉针使用，可大大提高根管扩大的效率和质量，节省椅位时间，减轻医师疲劳，在临床应用广泛。

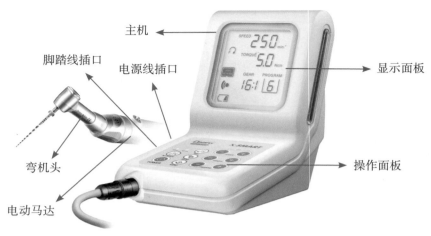

图2-2-3 根管治疗用微型马达

【功能】
根管治疗用微型马达可用于口腔根管治疗手术中根管扩大成形。
【操作流程】
根管治疗用微型马达操作流程如图2-2-4所示。

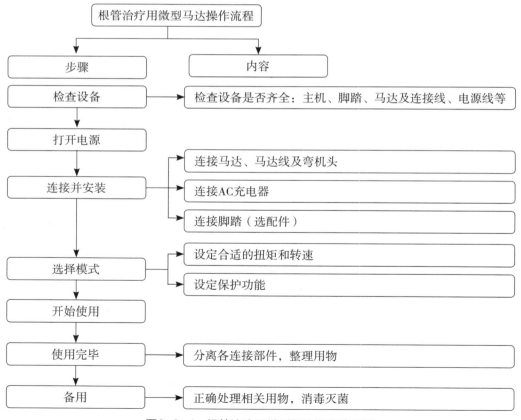

图2-2-4 根管治疗用微型马达操作流程图

【维护保养】

1. 主机：根管治疗用微型马达主机一般不需要做特别的维护保养处理，只需要用清洁剂喷在抹布上做表面的擦拭即可（亦可以用75%乙醇做表面擦拭）。

2. 马达和马达连线：马达表面用清洁剂擦拭干净即可，定期用清洁剂清洁马达和连线连接部位的螺纹；平时整理马达连线时一定不可以折叠，只能绕线或者保持平直。

3. 弯机头：

（1）表面清洁：弯机头朝上冲洗，在这个过程中可以使用小刷子把机头表面污渍和血渍刷干净。擦干表面水渍，然后进行下一步。

（2）机头内部：清洗和注油。顺序：冲洗防锈—清洁—涂润滑油。

（3）消毒、灭菌备用。

4. 微型马达在电量不足时及时充电，同时避免受潮，存放于干燥环境。

【常见故障原因及处理】

根管治疗用微型马达常见故障原因及处理见表2-2-2。

表2-2-2　根管治疗用微型马达常见故障原因及处理

问题	原因	处理
无法开机	未连接AC充电器或AC充电器的插头未插入插座	检查连接
	插座处无电	检查连接
AC IN灯不亮	未连接AC充电器或AC充电器的插头未插入插座	检查连接
	插座处无电	检查连接
充电指示灯不亮	电池温度低	请在较为暖和的房间内充电
	电池温度高	充电后电池或较热，为正常现象
电动马达手机不旋转	未连接电动马达手机线	检查连接
	未连接脚踏	连接脚踏
电动马达手机不旋转（显示错误代码"E-1"）	弯机头被堵	清洁或更换弯机头
电动马达手机不旋转（交替显示"———"和转速）	弯机头被堵	清洁或更换弯机头
电动马达手机不旋转：接通电源时，发出警报声	按下ON/OFF按钮时电源接通	检查ON/OFF按钮
	按下脚踏的同时接通电源	检查脚踏
	脚踏存在短路	移走脚踏，使用ON/OFF按钮旋转电动马达手机
电动马达手机继续旋转	脚踏不起作用	使用ON/OFF按钮停止旋转
	ON/OFF按钮不起作用	将脚从脚踏上移开，或拔出脚踏的插头

【特别提示】

1. 如果病人植入了心脏起搏器，建议不要使用根管治疗用微型马达。
2. 弯机头每次使用后进行清洗、注油、消毒、灭菌，备用。
3. 将机身及连线擦拭消毒备用。

三、根尖定位仪

根尖定位仪，又称根管长度测量仪，早期的根尖定位仪使用单频率电流进行测量，但因为易受到根管内血液、渗出液及药液等的影响，测量有一定误差。目前根尖定位仪（图2-2-5）可全自动测量根管长度，电源自动开启或关闭，可防止手指污染；且配有防止指针急剧摆动的装置，保持指针稳定；医师可一边测定一边观测数值，保证测定准确可靠，在口腔诊疗中已广泛应用。

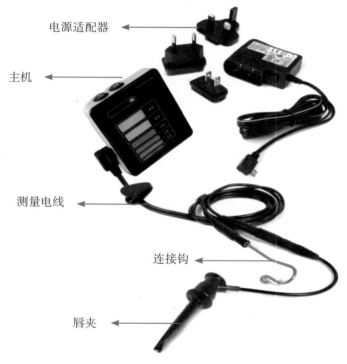

电源适配器

主机

测量电线

连接钩

唇夹

图2-2-5 根尖定位仪

【功能】

根尖定位仪通过分析根管内不同组织的电子特性来探测微小根尖孔，定位牙根尖位置。

【操作流程】

根尖定位仪操作流程如图2-2-6所示。

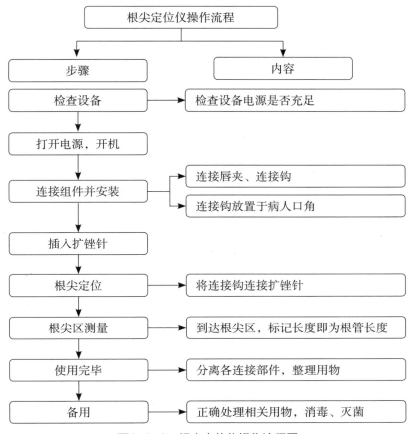

图2-2-6　根尖定位仪操作流程图

【维护保养】

1. 如果病人植入了心脏起搏器，建议不要使用根尖定位仪。
2. 根尖定位仪为精密测量仪器，应避免撞击和剧烈振动。
3. 连接钩和唇夹应高压消毒、灭菌，避免交叉感染。
4. 主机使用完毕后擦拭消毒，可贴防污染隔膜。
5. 不要弯折电线，所有线路环形缠绕，保护线圈。

【常见故障原因及处理】

根尖定位仪常见故障原因及处理见表2-2-3。

表2-2-3　根尖定位仪常见故障原因及处理

问题	原因	处理
电池充电时，电池图标快速闪烁	电池未连接	打开电池盒，连接电池
	电池为非可充电电池	将电池更换为可充电电池
按ON/OFF按钮不能打开设备	ON/OFF按钮失灵	尝试多按几次ON/OFF按钮，如果设备仍不能开启，联系维修人员
	电池没电	充电
	电子故障	进行检修
设备运行中没有电子音	音量控制设置为"静音"	按音量按钮调节音量大小
运行中屏幕显示不稳定或无信号	唇夹与口腔黏膜接触不良	确保口腔黏膜和唇夹接触良好（将唇夹置于患牙对侧的唇角）
	唇夹接触不良	再次调节唇夹
	未做好正确测定根管长度的准备	按操作流程做好准备
	穿孔	取出扩锉针，修补穿孔，并重复根尖检测程序，小心将扩锉针插入根管
	根管侧面粗大	继续轻轻推进扩锉针

【特别提示】
1．如果病人植入了心脏起搏器，建议不要使用根尖定位仪。
2．连接钩和唇夹高温消毒、灭菌，主机擦拭消毒。

四、热牙胶充填系统

热牙胶充填系统包括一系列根管治疗设备，有垂直加热加压充填器和注射式热牙胶充填器。与传统冷挤压充填技术相比，热牙胶充填技术具有充填严密的优点，被广泛应用于根管充填，包括主根管、侧副根管、根尖部位分支分叉、不规则根管充填等。本节以垂直加热加压充填器和注射式热牙胶充填器为例进行介绍。

（一）垂直加热加压充填器

【功能】
垂直加热加压充填器（图2-2-7）可对牙胶进行加热，使其软化。充填时可将牙胶尖上2/3取出，未取出部分可加热定型，做截断。

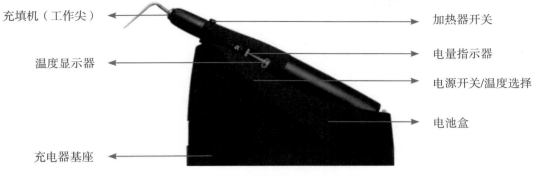

图2-2-7 垂直加热加压充填器

【操作流程】

垂直加热加压充填器操作流程如图2-2-8所示。

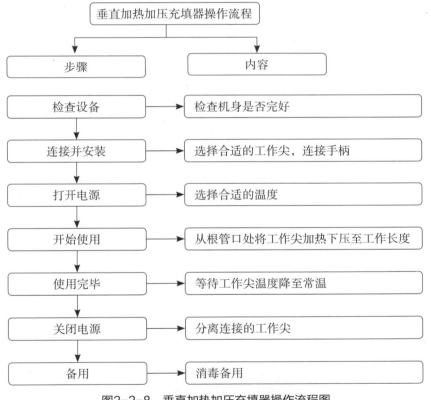

图2-2-8 垂直加热加压充填器操作流程图

【维护保养】

1. 日常保养。

（1）避免外部撞击。

（2）每位病人使用后应用中性消毒湿纸巾擦拭消毒主机及各配件，避免使用烈性消毒剂。

（3）工作尖使用后，应高温高压消毒、灭菌。

（4）长期未使用时，应定期为设备充电。

2．定期保养。

维护保养专业人员定期检查设备和更换易损耗零部件。

【常见故障原因及处理】

垂直加热加压充填器常见故障原因及处理见表2-2-4。

表2-2-4　垂直加热加压充填器常见故障原因及处理

问题	原因	处理
打开电源不能开机	电池电量不足	给电池充电
	电池安装不正确	重新安装电池
显示屏错乱	工作尖未与主机正常连接	重新连接或更换工作尖
	显示屏损坏	检查维修
运行后5s内温度无变化	工作尖故障	更换工作尖，检查维修

【特别提示】

1．本仪器仅用于根管治疗，使用过程中，应佩戴热保护帽，避免灼伤病人或操作者。

2．定期检查设备电量是否充足，如长时间未使用，则建议每月充电一次。

（二）注射式热牙胶充填器

【功能】

注射式热牙胶充填器（图2-2-9）可对牙胶进行加热，使其软化，在牙齿上2/3的根管中充填牙胶。

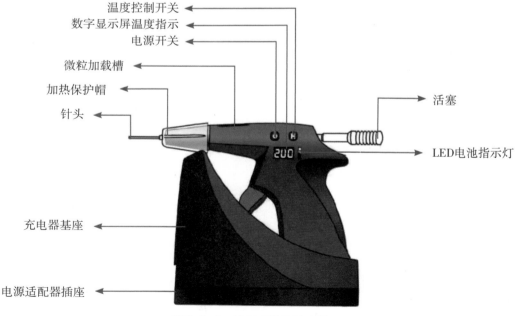

图2-2-9　注射式热牙胶充填器

【操作流程】

注射式热牙胶充填器操作流程如图2-2-10所示。

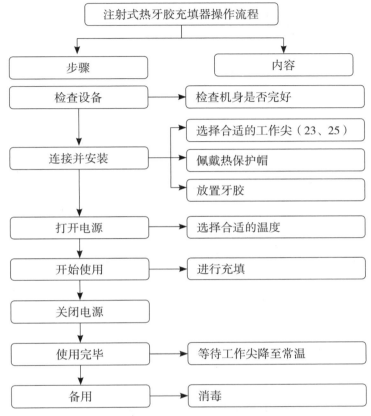

图2-2-10　注射式热牙胶充填器操作流程图

【维护保养】

1. 日常保养。

（1）避免外部重击和阳光直射。

（2）每位病人使用后应用中性消毒湿纸巾擦拭消毒主机及各配件，进行预处理，避免使用烈性消毒剂。

（3）移除加热槽或加热槽内剩余牙胶，温度设置为200℃，向后拉动活塞，清除残余牙胶后关闭电源。从充填器背部将除尘毛刷置入充填器管腔，然后从充填器机头拉出。

（4）更换针头时不能旋转过紧。

2. 定期保养：维护保养专业人员定期检查设备和更换易损耗零部件。

【常见故障原因及处理】

注射式热牙胶充填器常见故障原因及处理见表2-2-5。

表2-2-5　注射式热牙胶充填器常见故障原因及处理

问题	原因	处理
电源无法开启	电池电量不足	给电池充电
	电池无法充电	更换新电池
针头无法挤出牙胶	牙胶量不足	补充牙胶棒
	活塞头部被残留牙胶堵塞	清理活塞头部
	针头受损	更换针头
自动关机	长时间未使用	10min后自动关机以节省电池消耗
活塞无法向后移出	牙胶冷却并黏连到活塞上	打开电源加热，向后移出活塞，如不行，检查维修

【特别提示】

1. 更换针头时确保热牙胶充填器至少断电5min或机头已完全冷却。
2. 定期检查设备电量是否充足，如长时间未使用，则建议每月充电一次。

五、根管显微镜

随着显微镜技术的不断发展，口腔显微镜在口腔治疗各个领域均已有临床应用。口腔显微镜可以为医师提供较好的检查和治疗手段，有助于提高诊疗水平和治疗精度，提高治疗效率和质量，使病人获得较好的治疗效果。本节以根管显微镜（图2-2-11）为例进行介绍。

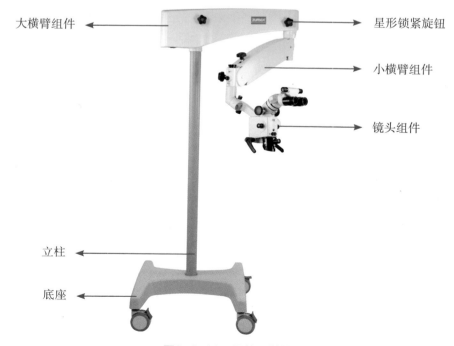

图2-2-11　根管显微镜

【功能】

根管显微镜主要用于牙髓、根管的检查和治疗。

【操作流程】

根管显微镜操作流程如图2-2-12所示。

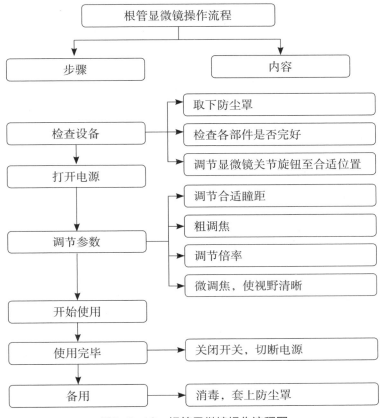

图2-2-12　根管显微镜操作流程图

【维护保养】

1. 日常保养。

（1）使用后先将亮度调至最小，待充分散热后再关闭电源。

（2）移动时扶住立柱，缓慢小心地移动，避免碰撞。移动到预定位置后，踩下脚闸锁定脚轮，避免剧烈振动。

（3）仪器的外表面及镜头防护罩可用干净的中性消毒湿纸巾进行擦拭。注意防潮、发霉。

（4）显微镜是光学设备，应按光学设备的要求进行维护保养。注意保持显微镜的清洁和镜头的干燥，光学镜头表面的血迹、体液等污垢用消毒湿纸巾清洁。镜片上的灰尘，可用拂尘笔拂除。不能使用具有腐蚀性或有磨砂作用的清洁剂，避免刮花。

（5）不使用时应关闭光源，避免显微镜温度过高，导致灯泡和保险丝损坏。

2. 定期保养。

（1）应定期进行检测。

（2）定期检查各旋钮、螺丝有无松动、脱落。

【常见故障原因及处理】

根管显微镜常见故障原因及处理见表2-2-6。

表2-2-6　根管显微镜常见故障原因及处理

问题	原因	处理
打开电源不能开机	电源没有插好	重新插好电源
手术区域灯不亮	灯泡和保险丝损坏	更换灯泡和保险丝
	LED光源电源线没有插好	正确连接LED光源电源线
手术区域光照不足	LED光源寿命到期	更换LED光源
手术显微镜上下调节不灵活	锁紧旋钮拧得太紧	调松锁紧旋钮使得阻力大小合适
对焦不清晰	镜片模糊	检查镜片是否有污垢并擦拭
	对焦旋转滑轮故障	检查维修
不能放大倍数	放大倍数按钮故障	检查维修
光强度无法调节	灯源故障，按钮故障	检查维修

【特别提示】

1．在移动过程中注意保护显微镜镜头组件，避免剧烈振动和撞击。

2．注意防水、防尘。

六、超声波牙科治疗仪

牙周病是牙周组织的慢性感染性疾病，是人类口腔的常见病，发病率高，牙周基础治疗是牙周病最基本的治疗方式。超声波牙科治疗仪（图2-2-13）是一种去除牙石的设备，具有省时、省力的优点，为牙周基础治疗的常规首选仪器。

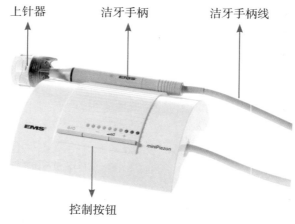

上针器　　　　　洁牙手柄　　　　　洁牙手柄线

控制按钮

图2-2-13　超声波牙科治疗仪

【功能】
超声波牙科治疗仪是将高频电能转换成超声振动，通过超声工作尖进行高频振荡的仪器，根据工作尖及功率的不同可应用于根管冲洗、去除根管异物、去除菌斑及牙石。

【操作流程】
超声波牙科治疗仪操作流程如图2-2-14所示。

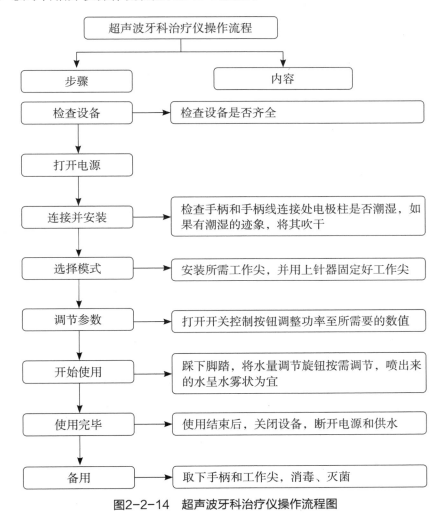

图2-2-14 超声波牙科治疗仪操作流程图

【维护保养】
1. 每日使用含75%乙醇的无色消毒剂擦拭主机、手柄线、储液罐表面和多功能脚踏，进行清理和消毒。
2. 定期检查进水口的过滤网，若堵塞需及时清洗更换。
3. 定期检查洁牙机水、电连线，有折断或接触不良应及时维修或更换。
4. 定期检查工作尖的长度，磨耗达到更换标准时应及时更换。

【常见故障原因及处理】
超声波牙科治疗仪常见故障原因及处理见表2-2-7。

表2-2-7　超声波牙科治疗仪常见故障原因及处理

问题	原因	处理
无喷水	水喷嘴连接有缺陷或无水压	检查供水系统
	过滤器堵塞或电磁阀故障	清洁或更换过滤器、电磁阀
工作尖没有水但有振动	水量调节不正确	调整喷嘴水量大小
	工作尖选择错误	更换工作尖
	工作尖或根管锉阻塞	清除工作尖或根管锉的阻塞物
手柄与连线间漏水	封闭圈磨损	更换封闭圈
功率低	工作尖磨损	更换工作尖
	使用方法错误	调整施力角度及力度
	手柄线之间有液体或湿气	干燥接触点
无超声波输出	工作尖不紧固	紧固工作尖
	手柄线断裂	更换手柄线
机器不工作	电源插线板故障	检查电源插线板
	手柄受潮	去除湿气，保持手柄干燥

【特别提示】

1. 工作尖安装牢固，否则会导致功率输出不足，影响使用。
2. 治疗过程中不可对工作尖施加过大压力，以免加速工作尖的损耗。
3. 洁牙手柄线内导线较细，易折断，治疗过程中避免打结和用力拉扯。
4. 对装有心脏起搏器的病人做好评估，根据起搏器的类型谨慎选用洁治方法。

第三节　口腔修复常用设备

一、石膏模型修整器

随着口腔修复技术的飞速发展，口腔医师对于口腔模型的要求也日益增高。为了获得一个整齐、美观、有利于义齿制作的模型，并便于观察保存，在制作模型时常常使用模型修整器来进行模型的修整。本节以石膏模型修整器（图2-3-1）为例进行介绍。

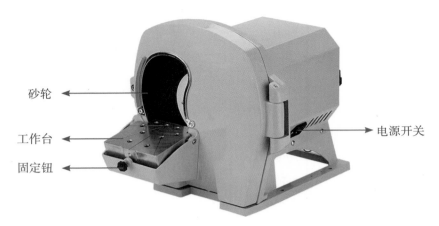

砂轮

工作台

固定钮

电源开关

图2-3-1　石膏模型修整器

【功能】

石膏模型修整器可用于修整齿科石膏模型。

【操作流程】

石膏模型修整器操作流程如图2-3-2所示。

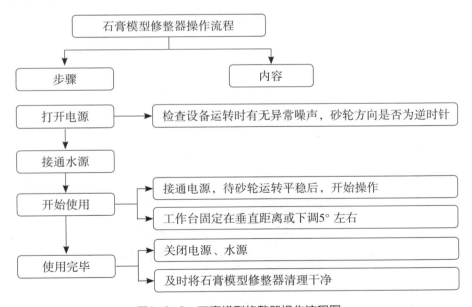

图2-3-2　石膏模型修整器操作流程图

【维护保养】

1. 定期检查维修。

2. 使用前应检查电源、水源是否接好，并打开水源开关，检查是否有漏电现象，砂轮有无裂痕及破损。

3. 使用后及时将石膏模型修整器上的石膏残渣清理干净。

【常见故障原因及处理】
石膏模型修整器常见故障原因及处理见表2-3-1。

表2-3-1　石膏模型修整器常见故障原因及处理

问题	原因	处理
工作中有异响	砂片平整度不好	更换新砂片
	轴套松动	扭紧轴套螺丝
通电后不工作	保险丝烧坏	更换保险丝
	电机烧坏	更换电机
	开关失灵	更换开关

【特别提示】
1. 石膏模型修整器必须摆放于平稳的位置。
2. 运转时，出现杂音应立即关闭电源，排除故障后方可开机工作。
3. 水路不通畅时，勿进行操作。
4. 削磨时勿用力过猛，以免损坏砂轮。

二、抛光打磨机

随着义齿修复的需求量越来越多，口腔修复工艺技术的效率及质量需要不断提高，抛光打磨机（图2-3-3）减轻了口腔修复中的劳动强度，提高了工作效率和抛光质量，改变了传统的手工打磨抛光操作，省时省力，因此在修复工作中应用非常广泛。

图2-3-3　抛光打磨机

【功能】
抛光打磨机主要用于压膜保持器、修复体的抛光、打磨。
【操作流程】
抛光打磨机操作流程如图2-3-4所示。

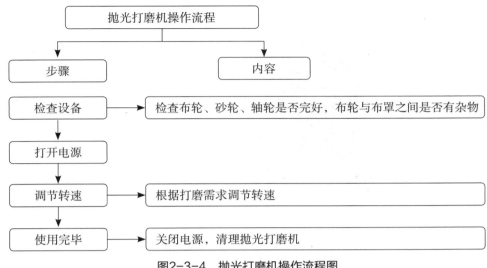

图2-3-4 抛光打磨机操作流程图

【维护保养】

1. 使用结束后，及时清理机身周围的碎屑，确保下一次正常使用。
2. 定期检查，注意电缆接头是否松动，电线、电路是否完整。
3. 定期擦拭机身，但不可用液体清洗，发振箱上方勿放置重物。
4. 长时间不使用时，需将机器上油保养，并套上布罩防尘。

【常见故障原因及处理】

抛光打磨机常见故障原因及处理见表2-3-2。

表2-3-2 抛光打磨机常见故障原因及处理

问题	原因	处理
布轮不转动	布轮松动	关闭电源，调整布轮
轴承不转动	长期不使用，轴承锈蚀	关闭电源，上油尝试用手转动砂轮或布轮，再次接通电源，若无法转动，联系厂家维修
工作时声音大且有杂音	轴承出现问题	及时进行维修

【特别提示】

1. 通电时，勿将手置于轮子上，避免受伤。
2. 机器开动时，等待40～60s，待转速稳定后方可操作。
3. 使用时，注意不可单手操作。

三、石膏震荡机

石膏震荡机（图2-3-5）是牙医、口腔技工制作石膏模型时所用的设备，医师可根据需要调节震荡强度，减少灌注模型时形成的气泡，也有助于模型材料均匀流入印模的各个部位，从而确保模型的准确性。

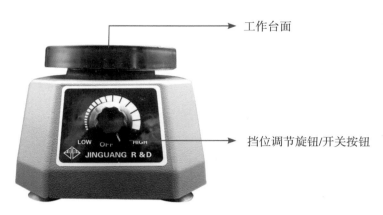

图2-3-5 石膏震荡机

【功能】

石膏震荡机可用于石膏灌注、琼脂复制模型时减少模型中的气泡，使模型材料均匀流入印模各个部位。

【操作流程】

石膏震荡机操作流程如图2-3-6所示。

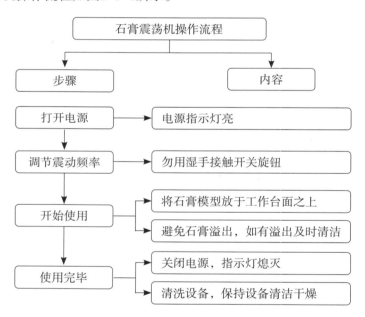

图2-3-6 石膏震荡机操作流程图

【维护保养】

1. 使用前检查设备是否清洁，线路是否完好。

2. 每次使用完后及时关闭电源，并将设备清理干净。

3. 定期检查设备是否完好无异常。

【常见故障原因及处理】

石膏震荡机常见故障原因及处理见表2-3-3。

表2-3-3　石膏震荡机常见故障原因及处理

问题	原因	处理
运行时出现异响	设备放置在不平整的地方	选择平整、干燥的地方放置
开机后未正常工作	未接通电源	检查设备插头和电源插座，正常连接
运行中突然断电	溢出石膏卡住开关处或开关处有水	清理溢出石膏，保持设备干燥

【特别提示】

1. 石膏震荡机必须摆放于平整的位置。
2. 勿将石膏震荡机浸泡于水内使用，以防漏电。
3. 震荡时调节旋钮速度不宜太快，应逐渐由小到大或由大到小。
4. 使用完毕后应及时切断电源，并擦拭机体表面，保持清洁，延长使用寿命。

四、种植机

随着我国居民生活水平的提高及口腔种植技术的飞速发展，种植牙因其美观、舒适、固位性好、不损伤邻牙的优点，已成为牙列缺损/缺失的重要修复方式，越来越多的牙列缺损/缺失病人选择种植修复治疗。在口腔种植治疗中，种植机（图2-3-7）是基础设备，主要用于制备种植窝洞。

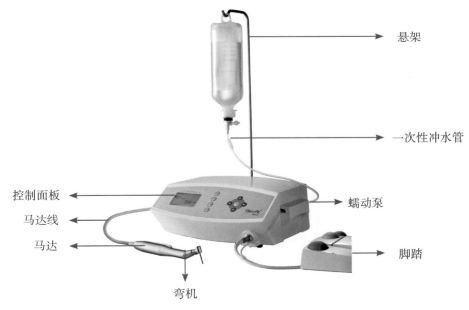

悬架
一次性冲水管
控制面板
马达线
马达
蠕动泵
脚踏
弯机

图2-3-7　种植机

【功能】

种植机适用于种植、根管治疗和口腔外科三个领域，主要用于牙种植体植入、根管治疗、根尖切除、微创拔牙等，使用时需遵循无菌原则。

【操作流程】
种植机操作流程如图2-3-8所示。

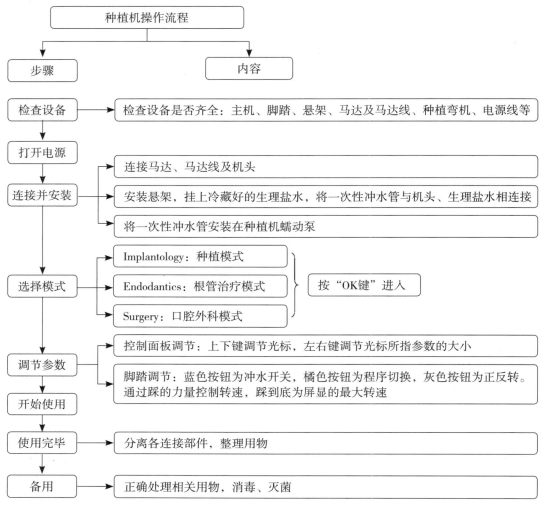

图2-3-8　种植机操作流程图

【维护保养】
1. 主机：种植机主机基本不需要做特别的维护保养处理，只需要用清洁剂喷在抹布上做表面擦拭即可（亦可以用75%乙醇做表面擦拭）。

2. 马达和马达线：马达的表面用清洁剂擦拭干净即可，可以定期用清洁剂清洁马达和马达线的连接部位的螺纹；马达线平时整理时勿折叠，只能绕线（建议盘绕直径大于15cm）或者保持马达线平直。

3. 种植弯机：先用低絮的消毒纸巾擦拭种植弯机的表面，再慢速冲洗出种植弯机内部的骨屑和污物，最后使用清洁润滑剂对种植弯机尾部和出水管进行清洁润滑。

4. 种植机脚踏：种植机的脚踏在使用过程中注意避污，防止踩脏。另外，在移动或收纳脚踏时不可提拉脚踏线，应该抓住脚踏的支架。

【常见故障原因及处理】

种植机常见故障原因及处理见表2-3-4。

表2-3-4 种植机常见故障原因及处理

问题	原因	处理
种植机无法开机	电源故障，无电源接入或连接错误	检查电源并正确连接
	设备故障	联系维修人员
种植机马达不工作	马达连接错误	检查马达连接并正确连接
	参数设定错误	正确设定参数
	马达损坏	联系维修人员
机头无冷却水	未连接冷却水或连接的冷却水已用完	连接或添加冷却水
	蠕动泵不工作	检修蠕动泵
	种植弯机头堵塞	检查并疏通种植弯机头，若无法疏通则更换机头
	冲水管安装错误	重新正确安装冲水管
种植弯机头漏水	蠕动泵未卡紧	卡紧蠕动泵
	种植弯机头损坏	检查并更换种植弯机头
	冲水管与机头连接不稳固	重新稳固连接
转速不稳或转速不达标	模式及参数设定错误	重新设定模式及参数
	马达故障	检修或更换马达
	机头故障	检修或更换机头
	种植机与马达连接不良	检查种植机与马达连接处，并正确连接
	弯机与马达连接不良	检查弯机与马达连接处，并正确连接

【特别提示】

1. 应将种植机放置于桌面、推车或其他支撑物表面。

2. 各部件连接时应确认组件间的连接标志一致。

3. 种植弯机在使用过程中轻拿轻放，应尽量避免跌落。

4. 种植机使用完毕后，应先将种植弯机从马达上取下，再取种植弯机上的冲水管，避免冷却水进入马达，导致马达内部生锈。

5. 马达线不能折叠，只能绕线或者保持平直，建议盘绕直径大于15cm。

6. 关闭种植机时，应先关闭种植机开关，再切断电源。

7. 建立种植机使用制度和使用登记本，定期对种植机进行检修，确保种植机处于备用状态。

五、导航仪

随着口腔种植技术的高速发展，大量高新技术不断涌现。在种植治疗中需用到许多高新精密的仪器设备来辅助进行数字化种植，导航仪（图2-3-9）就是其中之一。其可在手术过程中系统实时呈现病人解剖结构，追踪钻针在颌骨内的实时位置，全程监控种植位点、角度、深度，实现精准种植。

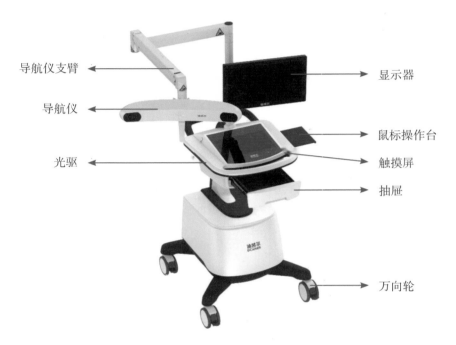

导航仪支臂　　　　　　　　　　显示器
导航仪
鼠标操作台
光驱　　　　　　　　　　　　　触摸屏
抽屉

万向轮

图2-3-9　导航仪

根据光学导航不同，导航可分为可见光导航和红外光（不可见光）导航。可见光导航易受外界强光干扰，如室内灯光、无影灯光等；红外光（不可见光）导航利用敏感红外摄像传感器直接采集物体的图像，图像清晰、可视范围广、精准度高、抗干扰能力强。

红外光（不可见光）导航又可分为被动式红外光（不可见光）导航和主动式红外光（不可见光）导航，临床上常用的是主动式红外光（不可见光）导航。主动式红外光（不可见光）导航不再使用导航仪发射红外光，而是直接将红外光发射装置部署在手机和参考板上，抗干扰、不易受外界环境及光线影响、单面视角大。本节将以主动式红外光（不可见光）导航为例进行介绍。

【功能】

导航仪适用于口腔种植手术的术前规划和术中引导，通过对三维医学影像的虚拟可视化应用，采用专门的种植手术方案规划软件在三维模拟环境中进行合理的种植方案设计，结合精准的红外光学定位技术，实现手术器械、医学影像和人体空间位置的融合，全程监控种植位点、角度、深度，从而实现精准种植。

【操作流程】

导航仪操作流程如图2-3-10所示。

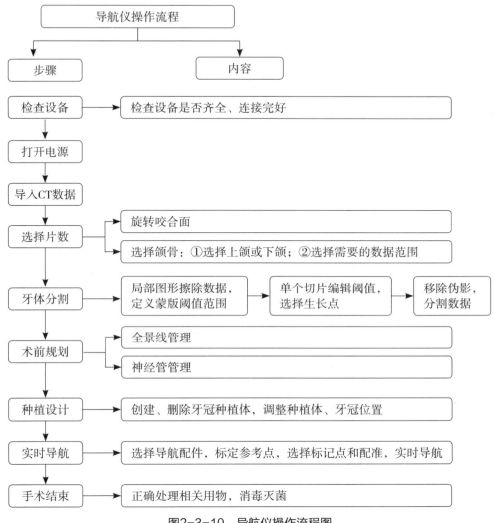

图2-3-10　导航仪操作流程图

【维护保养】

1. 表面清洁：用干净的抹布擦洗清洁，并用75%乙醇消毒。

2. 产品中参考器（含连接装置、固定装置、配准装置）需接触病人口腔完整黏膜，参照产品说明书消毒灭菌备用。

3. 导航仪精度的校准：定期联系工程师进行导航仪精度校准，建议每半年进行一次。

4. 万向轮的保养：定期润滑，拧紧螺丝，建议每月进行一次。

5. 计算机的数据安全：定期更新并运行杀毒软件，建议每月进行一次。

【常见故障原因及处理】

导航仪常见故障原因及处理见表2-3-5。

表2-3-5　导航仪常见故障原因及处理

问题	原因	处理
设备不工作，按键无效	总控面板熔断器损坏	更换
	电源未连接好	检查电源线与电源的连接、电源线与控制面板的连接，确保完好
文件无法打开	文件不符合标准	使文件符合相应标准
无法连接导航仪	信号线未插入	确保导航仪信号线已插入
	导航仪未打开	打开导航仪
导航仪无法识别定位器、参考板	定位器、参考板不在导航仪视野范围内	确保定位器、参考板在导航仪视野范围内
	定位器、参考板上红外球表面脏污	清洁

【特别提示】

1. 注意通道传输无阻挡，根据种植牙位确认定位器和机头角度，旋紧定位器机头，然后根据手术的具体空间位置，调整导航仪的方向，使手术器械能被导航仪监测。

2. 各部件应避免与强酸、强碱接触。

3. 清洁时必须切断外部与内部电源。

4. 导航仪的更换、精度校准由厂家来完成。

六、超声骨刀

近年来，随着科学技术的发展和进步，超声骨刀（图2-3-11）已广泛应用于口腔临床实践。超声骨刀是一种可往复、直线切割的外科设备，通过特殊转换装置将电能转化为机械能，经高频超声震荡，使所接触的组织细胞内水分汽化，蛋白质氢键断裂，从而将手术中需要切割的骨组织彻底破坏。目前，国内外有多个品牌的超声骨刀，它们具有相似的功能。

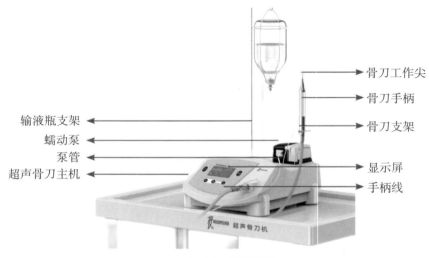

图2-3-11　超声骨刀

【功能】

超声骨刀利用超声波对硬组织的破碎能力对骨及牙体组织进行切割，具有切割精准、创面小、出血少、安全性较高的优势，可广泛用于对精准性、安全性要求较高的外科手术。目前，它在口腔修复领域常用于上颌窦经侧壁开窗提升术、牙槽嵴劈开术、块状骨表面移植术等。

【操作流程】

超声骨刀操作流程如图2-3-12所示。

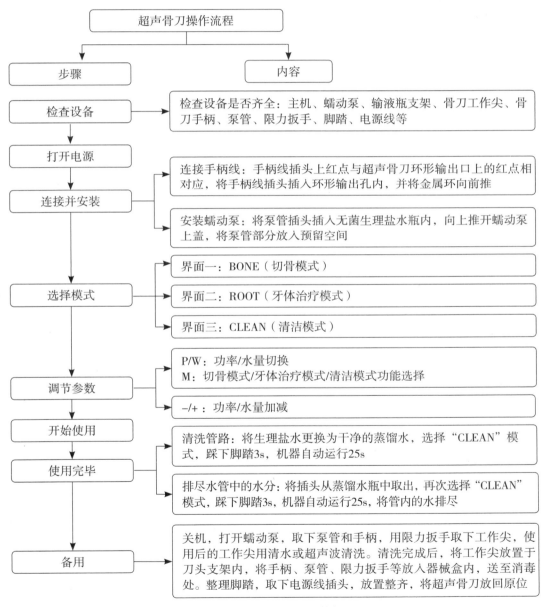

图2-3-12 超声骨刀操作流程图

【维护保养】

1. 超声骨刀小心轻放，远离震源，安装或放置在阴凉、干燥、通风处。

2. 用清洁剂或中性去垢剂清洗超声骨刀表面，禁止使用含有丙酮的清洁剂来清洗超声骨刀主机。

3. 清洁与消毒过程中，勿使液体渗漏入超声骨刀主机内部。

4. 主机外壳、脚踏外壳可用湿布擦拭干净，勿使用含75%乙醇类的消毒剂。

5. 每次使用完毕，检查超声骨刀工作尖，若工作尖磨损严重，应及时更换。

6. 将手柄、手柄线、泵管、限力扳手等放入器械盒内进行高温高压消毒、灭菌。手柄线和泵管应避免折叠弯曲，盘圈直径应大于15cm。

7. 超声骨刀工作尖放置于相应的支架内，进行高温高压消毒、灭菌。

8. 超声骨刀不使用时，关闭电源开关。

【常见故障原因及处理】

超声骨刀常见故障原因及处理见表2-3-6。

表2-3-6　超声骨刀常见故障原因及处理

问题	原因	处理
设备无法工作	电源插头未正确插入插座	电源插头正确插入插座
	电源线未正确插入设备背面插孔内	正确连接电源线和插孔
	电源开关没有打开	打开电源开关
	电子控制板无法工作	联系专业维修人员进行维修
设备程序正常工作，手柄无法工作	手柄线故障	插入脚踏或更换新的手柄线
	脚踏线未连接好	检查脚踏线连接处，正确连接
蠕动泵无法正常运转	蠕动泵部件或配件故障	联系专业维修人员进行维修或更换

【特别提示】

1. 勿用任何物体特别是手使工作状态的手柄停止工作，以免手部被划伤。

2. 更换工作尖时，勿踩动脚踏。

3. 禁止在工作头无负载的情况下踩动脚踏。

4. 使用过程中，超声骨刀手柄温度应小于 40℃。若手柄温度过高，应中断手术、增加冷却水量或将功率降至最小来冷却手柄。

5. 手术结束后，及时将工作尖从手柄上取下，避免因意外踩到脚踏启动程序，造成损坏。

6. 手柄中安装有陶瓷压电装置，勿使用任何润滑剂，以免影响设备的正常功能。

7. 手柄线避免有锐角的弯折，应尽可能直，放入专用消毒盒灭菌时，盘圈直径应大于15cm。

8. 超声骨刀设专人检查，定期更换超声骨刀工作尖，保持工作尖的锋利度。

七、口腔内窥镜

早在20世纪50年代后期，一种叫作纤维内窥镜的仪器便已问世并应用于临床。口腔内窥镜（图2-3-13）兴起于20世纪80年代中期，是用于局部的视频影像系统，也被称为口腔摄像系统。口腔内窥镜用于人眼不能直接观察或不方便观察的组织和结构，能清晰地呈现其情况，帮助医师在清晰直观的图像下判断病情，采取正确的治疗措施。口腔内窥镜镜体部分按其成像构造和特性主要分为硬式内窥镜（以下简称"硬镜"）和软式纤维内窥镜（以下简称"软镜"）。硬镜无法调整弯曲镜体轴向，故可视范围有限；软镜根据光的全反射原理，利用玻璃纤维像束传导图像，可在一定程度上调节弯曲度，可视范围较硬镜更好，故临床中使用软镜较多，本节以软镜为例进行介绍。

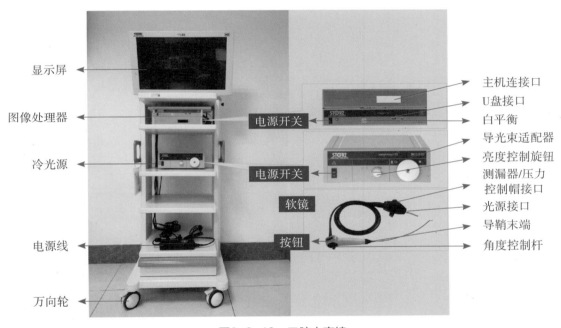

图2-3-13 口腔内窥镜

【功能】

目前，口腔内窥镜在口腔修复领域常用于探查种植窝洞骨质、残根/断根微创拔除、断裂种植配件取出和上颌窦黏膜破裂修补等。

【操作流程】

口腔内窥镜操作流程如图2-3-14所示。

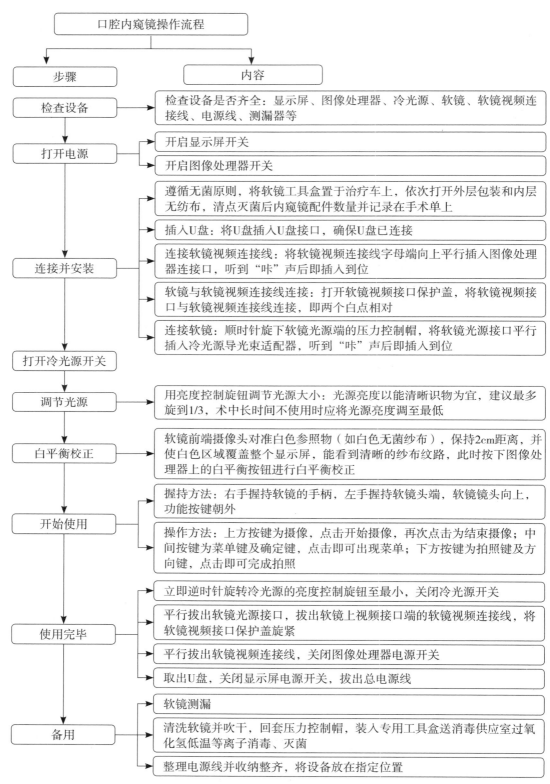

图2-3-14　口腔内窥镜操作流程图

【维护保养】

1. 软镜使用完毕后，参照产品说明书进行消毒、灭菌，备用。

2. 软镜严禁小角度弯曲，以免损坏内部。在取放软镜时，动作应轻柔。避免内窥镜镜管受到挤压、磕碰、折弯等，以免图像不清晰或者设备不能正常工作。

3. 定期联系厂家，每年对口腔内窥镜进行一次巡检。

【常见故障原因及处理】

口腔内窥镜常见故障原因及处理见表2-3-7。

表2-3-7 口腔内窥镜常见故障原因及处理

问题	原因	处理
无图像	电源未接通	接通电源
	摄像系统故障	联系专业维修人员维修或更换
	接头或传输线缆损坏或接触不良	联系专业维修人员维修或更换
	照明系统损坏	联系专业维修人员维修或更换
图像模糊	焦距未调好	调好焦距
	镜头被口腔内雾气或血渍模糊	立即使用纱布蘸取不含75%乙醇的消毒剂进行擦拭

【特别提示】

（一）内窥镜使用前

1. 检查配件数量是否充足，机器是否处于完好状态。

2. 检查软镜灭菌包装有无破损。

3. 确保U盘已连接。

4. 确保压力控制帽已取下。

（二）内窥镜使用中

1. 术中长时间不使用内窥镜时，应将光源亮度调至最低。

2. 使用中应全程保护好软镜，勿刮伤、摔坏。

3. 显示屏无图像时，需查看数据线是否插紧，连接是否到位。

4. 显示屏图像模糊可能是因为血液污染探头，应立即使用纱布蘸取不含75%乙醇的消毒剂清洁探头端。

5. 操作角度控制杆不可用力过猛，以免造成病人的损伤或仪器的损坏。

（三）内窥镜使用后

1. 软镜导鞘不能扭曲或盘绕得太紧。

2. 可用流动水冲洗软镜外部，冲洗后立即吹干。

3. 回套压力控制帽，合理放置软镜于专用工具盒内，灭菌处理后备用。

第四节 口腔数字化常用设备

一、一体式口扫仪（第二代）

口腔医学数字化技术正在逐步将先进的工程设计和制造技术应用于临床诊疗全过程，使临床诊疗更加准确、精细、便捷。相较于以往通过石膏模型制取获得病人口内数据的方法，三维数字化扫描技术具有操作简单快捷、病人体验感好、椅旁时间短等优点。本节以一体式口扫仪（第二代）（图2-4-1）为例进行介绍。

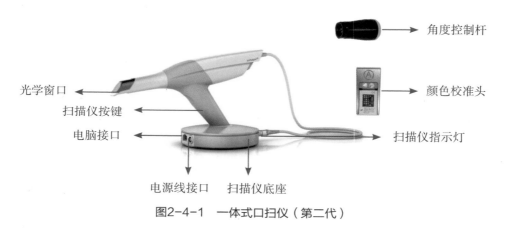

光学窗口
扫描仪按键
电脑接口
角度控制杆
颜色校准头
扫描仪指示灯
电源线接口　扫描仪底座

图2-4-1　一体式口扫仪（第二代）

【功能】
一体式口扫仪是利用光学技术通过扫描仪直接对病人口腔或石膏模型进行扫描，并以数字化形式保存扫描数据，用于在相应程序中创建三维模型后进行模拟加工，常用于正畸无托槽隐形矫治、修复体设计、牙种植治疗前后的口内数据收集。

【操作流程】
一体式口扫仪（第二代）操作流程如图2-4-2所示。

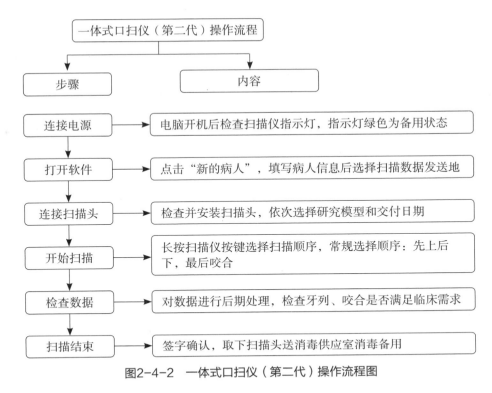

图2-4-2　一体式口扫仪（第二代）操作流程图

【维护保养】

1．手持扫描仪：扫描仪工作端的光学窗口是精密的光学组件，保持表面清洁无损对于扫描质量至关重要，应使用干净、柔软、无绒的非磨砂性擦布擦拭，操作时勿刮擦光学窗口，确保其没有棉绒、污点和其他灰尘。

2．扫描头：消毒前使用无绒布或75%乙醇棉签擦拭反射镜，并用纸巾擦干镜片表面，干燥后使用医用脱脂纱布覆盖反射镜表面并一起放入灭菌袋（注意过程中不可使纱布脱落或移位）。

3．系统其他部件：常规清洁时应使用软布和温和的清洁剂擦拭。消毒时用75%乙醇沾湿柔软无绒非磨砂性的擦布擦拭表面即可。

【常见故障原因及处理】

一体式口扫仪（第二代）常见故障原因及处理见表2-4-1。

表2-4-1　一体式口扫仪（第二代）常见故障原因及处理

问题	原因	处理
扫描质量低，成像不清楚	扫描头反射镜面有唾液	卸下扫描头，使用无绒布或75%乙醇棉签擦拭反射镜
扫描头反射镜有污点或划痕无法去除	高温高压灭菌时灭菌袋未密封或使用扫描头时触碰到病人牙齿	更换扫描头
上传数据失败或数据不全	传输途中网络断开	检查网络连接后重新扫描

问题	原因	处理
扫描仪指示灯显示蓝色	扫描仪与电脑未连接	检查连接线，连接成功后指示灯显示绿色
软件打不开或打开不能使用	软件到期	申请软件续费
	软件故障	联系维修人员检查
提示扫描数据过大（三维图像＞2500张）	同一部位扫描时间过长	重新扫描，三维图像控制在2500张以内
图像出现错层	同一部位扫描时间过长	勿继续反复扫描，圈出错层，删除后重新扫描

【特别提示】

1. 使用一体式口扫仪（第二代）之前需通过专业培训，熟知设备安全操作标准。

2. 每次使用系统前应预防性检查扫描设备及其配件是否正常、操作软件是否更新。

3. 由于存在电磁干扰风险，严禁带有心脏起搏器的病人使用一体式口扫仪（第二代）。

4. 如扫描头掉落在地上，须立即更换，其原因为扫描头工作端内的反射镜容易移位和掉落，继续使用存在安全隐患。

5. 扫描前应评估病人口内情况，提前做好预防措施。

6. 操作期间，扫描头工作端会发出亮光，短暂注视并无大碍，禁止凝视光束或使用光学仪器查看，严禁在操作使用中直射病人眼睛。

7. 校准：必须定期对一体式口扫仪（第二代）进行三维校准和颜色校准，常规是每7天校准一次，也可根据具体使用情况进行调整。

（1）长期大量使用时，应在每日扫描第一个病人之前进行校准。

（2）更换使用地点后，在扫描第一个病人之前进行校准。

（3）扫描过程中成像速度明显下降时，应及时进行校准。

二、三维模型扫描仪

通过三维数字化扫描技术获取病人口内数据的方法有直接法和间接法。间接法是通过扫描设备对病人的石膏模型、精细模型、咬合记录进行扫描，然后获得三维数字化模型，适用于口内情况复杂或安装心脏起搏器等不适宜直接从口内扫描的病人。本节以三维模型扫描仪（图2-4-3）为例进行介绍。

图2-4-3 三维模型扫描仪

【功能】

三维模型扫描仪通过扫描印模或模型获取牙列特征，由系统创建三维模型，可根据临床所需对三维模型进行修整或添加注释，临床多用于数字化保存病人记存模型，解决了以往石膏模型的存放和保管问题。

【操作流程】

三维模型扫描仪操作流程如图2-4-4所示。

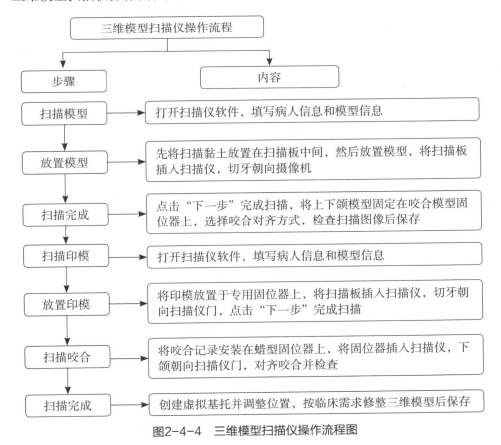

图2-4-4 三维模型扫描仪操作流程图

【维护保养】

1．主机：可使用柔软的干布或蘸取柔和清洁剂的海绵擦拭，注意水和清洁剂不能漏入机器。

2．蜡型固位器、咬合模型固位器：每次使用后应使用75%乙醇或清洁剂擦拭。

【常见故障原因及处理】

三维模型扫描仪常见故障原因及处理见表2-4-2。

表2-4-2　三维模型扫描仪常见故障原因及处理

问题	原因	处理
扫描质量，成像不清楚	扫描仪未校准	校准扫描仪
	设备硬件损坏	返厂维修
无法校准	校准盘污染或轴位损坏	联系维修人员更换
上传数据失败或信息不全	病人信息填写不全	重新填写病人信息
	扫描流程未完成	返回检查
软件打不开或提示加密狗报错	加密狗被锁定	联系维修人员解锁
	加密狗驱动损坏	联系维修人员重新安装
后期处理时系统提示错误	电脑系统出现问题	更新电脑系统
	扫描仪异常断电	重新安装软件

【特别提示】

1．使用三维模型扫描仪之前需通过专业培训，熟知设备安全操作标准。

2．石膏模型或印模应消毒处理后再进行扫描。

3．扫描前确认石膏模型或印模表面干燥无异物。

4．使用蜡型固位器、咬合模型固位器之后应使用75%乙醇或清洁剂擦拭。

5．如果三维模型扫描仪受到静电放电或电磁干扰影响，进入3min的恢复状态后才可以继续正常操作。

6．三维模型扫描仪每次移动后需要进行三维校准，或是7天至少校准2次。如果三维模型扫描仪放置于固定位置并处在恒定的温度，可适当延长校准时间间隔。

三、三维表面成像系统

通过三维成像技术获取病人面部软组织的图像数据进行模拟分析，已逐渐替代了以往临床使用数码相机拍照的方式，目前在口腔正畸、正颌外科、口腔修复、儿童口腔等领域已有一定的临床及科研应用。本节以三维表面成像系统（图2-4-5）为例进行介绍。

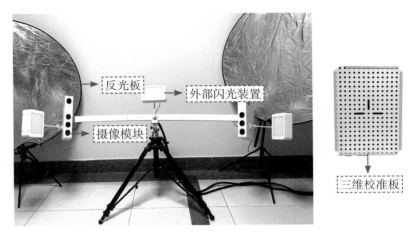

图2-4-5　三维表面成像系统

【功能】

三维表面成像系统是获取病人面部软组织图像数据的测量装置，主流设备多采用结构光、立体摄影等光学非接触测量技术，适用于三维量化诊断、治疗前后效果评估等方面，可协助临床进行形态定量分析、手术计划等。

【操作流程】

三维表面成像系统操作流程如图2-4-6所示。

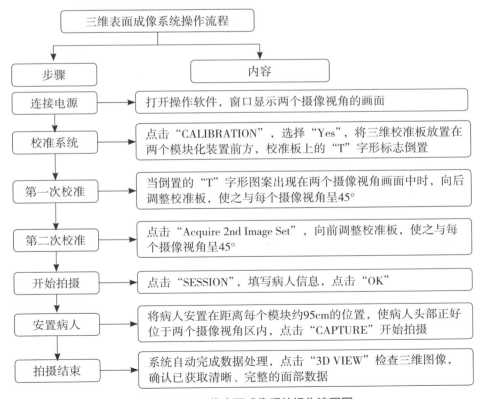

图2-4-6　三维表面成像系统操作流程图

【维护保养】

使用柔软的干布擦拭设备即可。除校准外，三维表面成像系统无需其他维护。

【常见故障原因及处理】

三维表面成像系统常见故障原因及处理见表2-4-3。

表2-4-3　三维表面成像系统常见故障原因及处理

问题	原因	处理
成像不清楚	没有进行校准	每次使用前需要完成校准
成像后面部出现空洞	病人头发遮挡面部	使用发带或帽子
数据不能保存	程序处理出错	重新启动软件
	磁盘无空间	清理磁盘空间
图像部分缺失	拍摄过程中病人移动	定位后要求病人保持不动
校准不能对齐	摄像模块发生偏移	联系维修人员检查
闪光灯不亮	闪光灯电源线接触不良	重新连接闪光灯电源线
数据不能进行三维重建	杀毒软件误杀	查看杀毒软件是否把文件夹里面的程序误杀，恢复误杀的文件，把文件夹添加至信任列表
电脑不能启动	电源问题	检查电脑电源线是否连接正常，断电2min后重新打开
设备不能启动	连接线问题	查看镜头组和电脑后方线缆是否有脱落
	电源问题	查看电源绿色指示灯是否正常

【特别提示】

1. 使用设备之前需通过专业培训，熟知设备安全操作标准。

2. 预防性查看电脑安装的杀毒软件，把系统文件添加至信任列表，避免被误删误杀后无法进行三维重建。

3. 安置病人前，应告知病人取下头部饰物。

4. 检查病人面部是否被头发遮挡，避免拍摄图像时出现空洞。

5. 为确保全面拍摄，注意视角内应看见病人双耳。

6. 拍摄时要求病人保持端坐位，自然头位。如是幼儿或老年病人，应提前告知家属拍摄要求，并协助病人配合拍摄。

7. 提示病人在拍摄时保持静止，以免造成拍摄图像部分缺失。

8. 勿擅自移动或拆卸外部闪光装置和摄像模块。

第五节 口腔急救及监测常用设备

急救是指在短时间内，对威胁人类生命安全的意外灾害和疾病所采取的一种紧急救护措施。急救设备的熟练快速应用直接影响着救护的及时性、有效性，本节主要介绍口腔急救及监测常用设备。

一、监护仪

【功能】

监护仪（图2-5-1）可对病人的生理参数进行实时、连续的监测，为评估病情及治疗、护理提供依据。

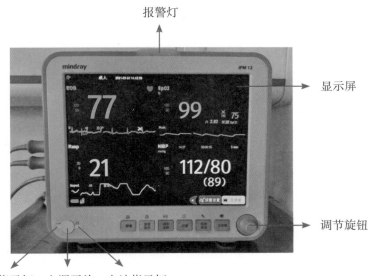

图2-5-1 监护仪

【操作流程】

监护仪操作流程如图2-5-2所示。

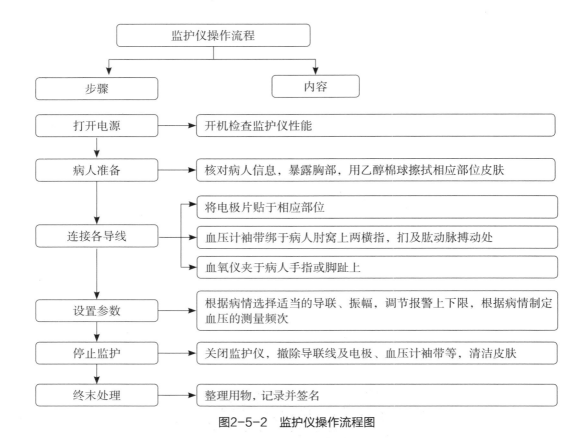

图2-5-2　监护仪操作流程图

【维护保养】

1．清洁。

（1）设备应定期进行清洁，可选用的清洁剂包括3%双氧水、75%乙醇。

（2）清洁设备时应关闭电源，并断开电源线。使用软布吸附适量的清洁剂擦拭设备表面。

（3）消毒操作可能对监护仪产生一定程度的损害，故有必要才进行消毒操作。

2．定期保养：监护仪在第一次使用之前、连续使用6个月后、维修或升级后，应由专业的维修人员进行一次全面的检查，以保证监护仪正常运行。

【常见故障原因及处理】

监护仪常见故障原因及处理见表2-5-1。

表2-5-1　监护仪常见故障原因及处理

问题	原因	处理
设备黑屏，并且电源指示灯也不亮	电源线接触不良	检查电源线并正确连接
	保险丝烧毁	更换

问题	原因	处理
心电图无波形	导联模式错误（如V导与Ⅲ导混淆）	确定导联模式正确
	导联接触不良	更换电极片，更换备用软线
	主板故障	联系维修人员
心电图波形严重干扰	电极片与皮肤接触不良	重新放置电极片，使用75％乙醇清洁电极部位
	滤波功能未开启	开启滤波
血压测不出	测量肢体脉搏弱	选择手动测量血压
	导气管折叠、脱落	妥善安置好导气管
	肢体运动	测量侧肢体制动
呼吸不准、呼吸率为零	肥胖病人或电极位置不对	调整电极位置
无血氧饱和度波形和数值显示	探头脱落于探测部位	重新正确安放探头
	动脉受压	避免在同一侧肢体测量血压和血氧饱和度
	监护室内温度过低	提高室内温度
	如血氧饱和度波形通道显示无信号，则表示血氧饱和度模块与主机通信存在问题	可关机后再开机，若仍有提示，需更换血氧饱和度模块

【特别提示】

1. 在电池使用过程中，应定期进行优化以延长其使用寿命，建议长时间不使用或存储2个月或者电池运行时间显著缩短时，对电池进行一次优化。一次完整的优化周期为不间断地充电10h以上，然后放电直至监护仪关机。

2. 自动或连续测量血压模式下，如果时间过长，袖套与肢体的摩擦可能导致紫癜、缺血和神经损伤。在监护病人时，要经常检查肢体远端的色泽、温度和敏感度。一旦观察到异常，应将袖套安放在另一个位置或停止血压测量。

二、除颤器

【功能】

除颤器（图2-5-3）是通过向病人心肌施加短暂的双相电脉冲而提供除颤治疗。它有两种除颤工作模式：自动体外除颤（AED）模式和手动除颤模式。本节主要介绍专业人员使用的手动除颤模式。

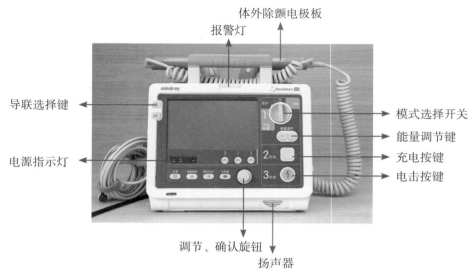

图2-5-3　除颤器

【操作流程】

除颤器操作流程如图2-5-4所示。

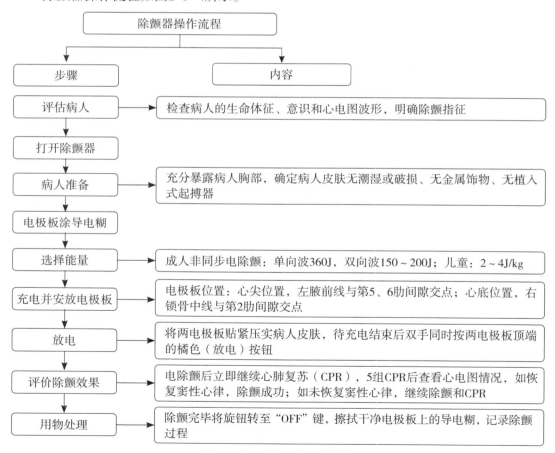

图2-5-4　除颤器操作流程图

【维护保养】

1．清洁：采用医用消毒湿巾清洁除颤器的外表面。

2．定期保养：每日、每周检查，保持除颤器处于完好备用状态。除颤器要定点放置，定期检查性能，及时充电。

【常见故障原因及处理】

除颤器常见故障原因及处理见表2-5-2。

表2-5-2 除颤器常见故障原因及处理

问题	原因	处理
除颤器无法开启/关机	电池电压低	1．检查电池安装情况。 2．确认仪器交流电是否插好。 3．用电能充足的电池更换原来的电池
电源指示灯指示不能充电	电池电压低	更换电池
除颤时显示器显示能量为0	除颤器可能已充电，但高压电容器电压值未被识别	当开始充电时，听是否有充电声音；检查高压电容器电压测量电路

【特别提示】

1．不要在易燃环境中使用或测试除颤器。

2．电池应保持电量充足。重复充电不足可致电池退化，降低其容量与寿命。

3．导电糊要涂抹均匀，防止皮肤灼伤。

4．除颤电流会损害操作人员或旁观的人。操作者除颤时不要接触病人或接触连接到病人的设备。

三、简易呼吸球囊

【功能】

简易呼吸球囊（图2-5-5）又称复苏球，通常在心肺复苏时使用，用于辅助或强制病人通气，纠正低氧血症。

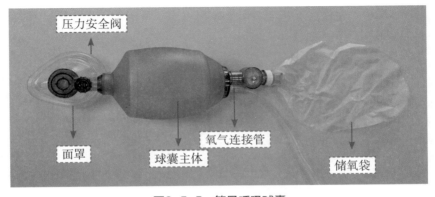

图2-5-5 简易呼吸球囊

【操作流程】

简易呼吸球囊操作流程如图2-5-6所示。

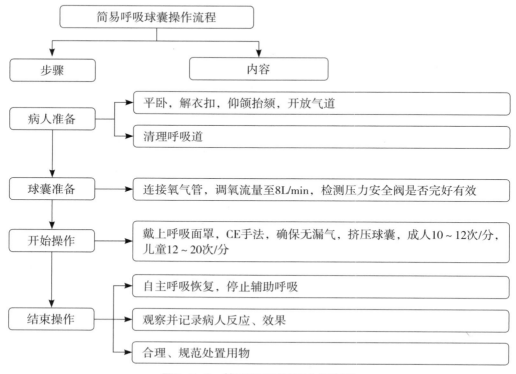

图2-5-6 简易呼吸球囊操作流程图

【维护保养】

简易呼吸球囊为一次性用品,使用前检查球囊完整性及效期,使用后按照医疗废物处置要求规范处置。

【常见故障原因及处理】

简易呼吸球囊常见故障原因及处理见表2-5-3。

表2-5-3 简易呼吸球囊常见故障原因及处理

问题	原因	处理
挤压气囊有阻力	呼出阀(鸭嘴阀、出气阀)安装错误	正确安装
	病人气道未打开或呼吸道分泌物多	充分打开病人气道或清理呼吸道分泌物
	压力安全阀未打开	向上提打开压力安全阀
储氧袋不充盈	未正确使用	使用前先将储氧袋充满氧气
	储氧袋破损	更换储氧袋
	与球囊处连接不紧	正确连接
	氧气连接管未连接,氧流量未打开	正确连接氧气连接管,调节氧流量

问题	原因	处理
挤压球囊时面罩处漏气	面罩充气不足或破损	用注射器重新注气或更换面罩
	面罩大小不合适	更换合适的面罩
	面罩与病人面部接触不紧密	正确固定面罩
潮气量达不到要求	球囊破损漏气	更换球囊
	挤压球囊的手法不到位	正确挤压

【特别提示】

1. 使用前检查简易呼吸球囊是否有损坏，再将各部件依顺序组装，做好测试，备用。

2. 中等量以上的咯血、心肌梗死、大量胸腔积液、活动性肺结核病人严禁使用简易呼吸球囊。

四、便携式负压吸引器

【功能】

便携式负压吸引器（图2-5-7）是采用负压泵制造而成的可移动式吸引装置。

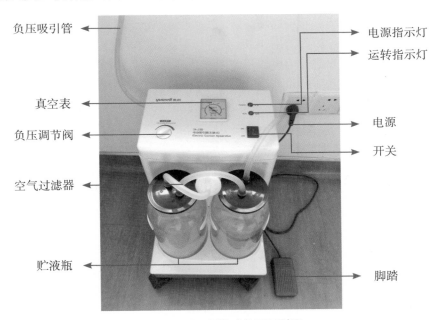

图2-5-7　便携式负压吸引器

【操作流程】

便携式负压吸引器操作流程如图2-5-8所示。

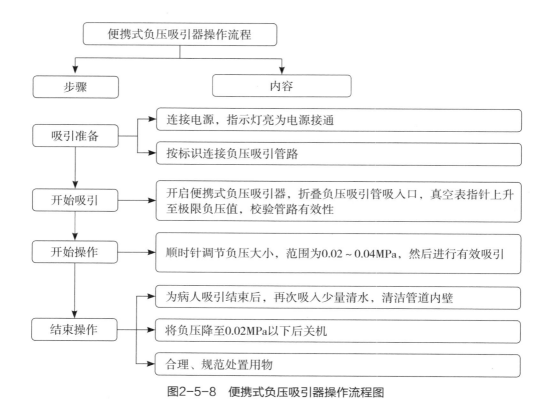

图2-5-8　便携式负压吸引器操作流程图

【维护保养】

1．便携式负压吸引器表面用500mg/L的含氯消毒剂清洁擦拭。

2．贮液瓶、瓶塞及各种管道用500mg/L的含氯消毒剂浸泡30min。

3．为延长机器使用寿命，关机前一定要先让负压降至0.02MPa以下。

【常见故障原因及处理】

便携式负压吸引器常见故障原因及处理见表2-5-4。

表2-5-4　便携式负压吸引器常见故障原因及处理

问题	原因	处理
负压极限值小于0.06MPa	瓶口漏气	清洗瓶口污物，盖紧瓶塞或更换瓶塞
	管路连接处漏气	重新塞紧各连接处
	调节阀松动或松开	旋紧调节阀
	使用场所的大气压不符	移至说明书中规定的大气压中使用
负压值大于0.04MPa，但管道口的吸力明显减小或消失	溢流装置关闭	关机后，逆时针方向旋松调节阀，放掉管道内负压后再旋紧
	管路堵塞	疏通、清洗或更换软管
	空气过滤器堵塞	清洗或更换空气过滤器

问题	原因	处理
电源电压正常，指示灯不亮	插座松开	修理或更换插座
	熔丝管熔断	更换熔丝管
	指示灯损坏	更换指示灯
熔丝管熔断	电压超压	调节电压
	内部线路故障	检查线路，排除故障
	继电器故障	调整或更换继电器
	泵体阻轧，电流增大	检查泵体及电机

【特别提示】

1. 用于吸痰时，负压大小应控制在0.02～0.04MPa。

2. 设备需定期开机运转一次，一般为每6个月一次。再次使用时，应检查负压密闭性能。

3. 本设备不适合流产吸引用。

五、激光多普勒血流血氧分析系统

准确判断牙髓活力对确定后续治疗和修复方案非常关键。传统的测试方法大致分为牙髓感觉测试和活力测试，临床上虽广泛应用，但对于年轻恒牙，电活力测试结果容易出现假阳性或假阴性；而温度测试易刺激牙髓神经，导致病人不适，容易产生恐惧心理，测试结果无法客观真实反映牙髓状况。激光多普勒血流测量仪为实时无创、检测组织器官内微循环血流的检测仪器，广泛应用于年轻恒牙牙髓血流的测定。本节以激光多普勒血流血氧分析系统（图2-5-9）为例进行介绍。

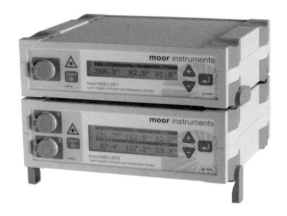

图2-5-9　激光多普勒血流血氧分析系统

（一）前部面板（图2-5-10）

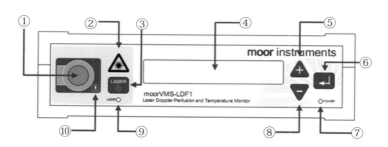

图2-5-10　前部面板

注：①探头插座；②激光警告标志；③激光开/关按钮；④液晶显示器；⑤菜单中向上按钮；⑥菜单/确认键；⑦电源开/关指示灯；⑧菜单中向下按钮；⑨激光开/关LED；⑩BF型标签。

（二）后部面板（图2-5-11）

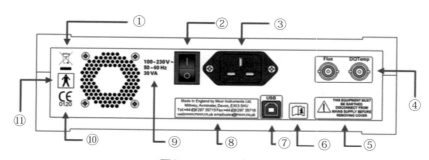

图2-5-11　后部面板

注：①欧盟WEEE指令符号；②电源开关；③交流电插口；④模拟输出；⑤警告符号；⑥阅读文档符号；⑦USB接口，用于连接计算机；⑧制造商/型号详细信息；⑨额定功率；⑩CE标志；⑪BF型应用部分的符号。

【功能】

激光多普勒血流血氧分析系统主要适用于各组织、脏器微循环血流量、流速监测，动物脑缺血模型建立与评价，牙髓活力测试，术后皮瓣监测，指、趾端压力评估，皮肤灌注压测试，伤后脑灌注压测试等。

【操作流程】

激光多普勒血流血氧分析系统（LDF）操作流程如图2-5-12所示。

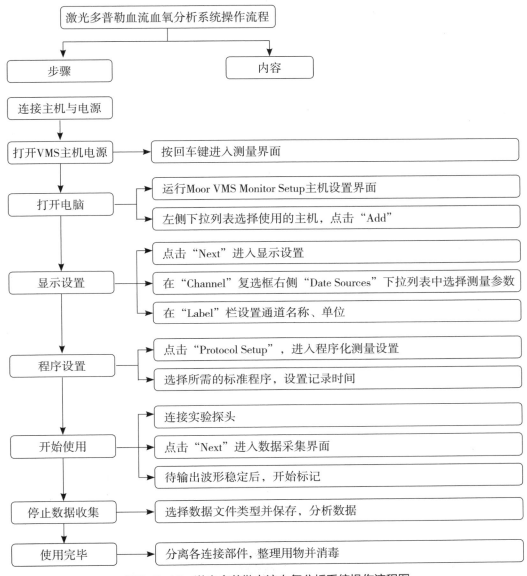

图2-5-12　激光多普勒血流血氧分析系统操作流程图

【维护保养】

1. 检测探头可以使用中性清洁剂和水清洗，并应尽快去除血迹和灰尘。清洗之后，用干净的纸巾轻轻擦掉探头连接器和探头端部以及探头处多余的水分。

2. 探头接头采用75%乙醇擦拭消毒，确保光路通畅。

3. 探头不可高压蒸汽灭菌，不可用氯仿、浓度高于70%的乙醇或其他强溶剂清洁。清洁时不可把探头接头直接浸在液体溶剂中。

4. 设备外壳应使用75%乙醇擦拭以便去除污渍。

【常见故障原因及处理】

激光多普勒血流血氧分析系统常见故障原因及处理见表2-5-5。

表2-5-5　激光多普勒血流血氧分析系统常见故障原因及处理

问题	原因	处理
未能校准探头	探头未进行校准	检查探头情况，遵循操作指南校准探头
探头无激光输出或没有可检测的功率	探头故障	检修或更换探头情况，打开激光
零KLUX值	探头故障	检修或更换探头
	激光未打开	确保激光处于打开状态
FLUX度数显示为1000或超出范围	组织与探头运动未保持在最低水平	组织和探头的运动保持在最低水平
	探头未校准	正确校准探头
	外部光线影响	确保外部照明不影响测量结果

【特别提示】

1. 使用之前，应对探头进行检查，如有任何损坏痕迹，禁止使用。
2. 如进行侵入性操作，必须对使用的探头和套管进行清洁、消毒和灭菌。
3. 在清洗或消毒后，应当检查套管、连接头和探头末端是否损坏。

六、掌式血氧仪

血氧饱和度是指血液中被氧结合的氧合血红蛋白的容量占全部可结合的血红蛋白容量的百分比，即血液中氧的浓度，是呼吸循环的重要生理参数，也是反映机体内氧状况的重要指标。正常人体动脉血的血氧饱和度为98%，静脉血为75%。血氧仪是测定血氧饱和度的仪器，主要测量指标为脉率、血氧饱和度。本节以掌式血氧仪（图2-5-13）为例进行介绍。

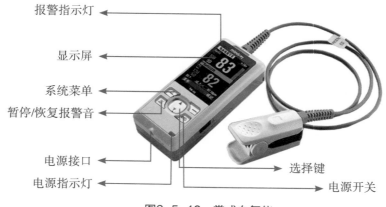

报警指示灯

显示屏

系统菜单

暂停/恢复报警音

电源接口

电源指示灯

选择键

电源开关

图2-5-13　掌式血氧仪

【功能】

掌式血氧仪可用于对人体进行血氧饱和度和脉率的监测。

【操作流程】

掌式血氧仪操作流程如图2-5-14所示。

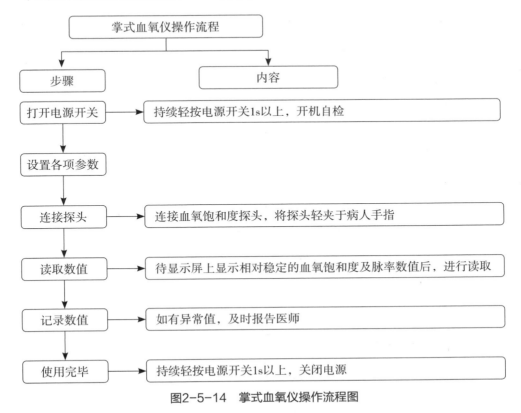

图2-5-14 掌式血氧仪操作流程图

【维护保养】

1. 定期检查附件，包括是否缺失、功能是否正常、有无故障和破损等。

2. 定期检查电池电量。

3. 避免掌式血氧仪的任何部分浸有液体。

4. 使用后及时将探头用75%乙醇擦拭消毒。

【常见故障原因及处理】

掌式血氧仪常见故障原因及处理见表2-5-6。

表2-5-6 掌式血氧仪常见故障原因及处理

问题	原因	处理
黑屏	电源供应问题	检查电源插头是否松动，正确连接
	显示屏或主板故障	及时报修
	电源开关故障	及时报修

问题	原因	处理
白屏、花屏	显示屏与主板接线接触不良	检查设备后面VGA输出口外接显示器。若VGA输出正常，则可以判断是显示屏损坏或者屏与主板接线存在故障或未正确连接，进行针对性处理；若VGA无输出，则是主板故障，需报修
	主板损坏	及时报修
血氧饱和度测不出	探头故障	观察探头内是否有红光闪动，如果没有，则需更换探头或报修处理
	血氧电缆或血氧模块故障	及时报修

【特别提示】

1. 不可在易燃或易爆的环境中使用该设备，以防发生火灾或爆炸。
2. 避免近距离接触移动电话、X射线或MRI设备，以免电磁场影响设备性能。
3. 使用时注意有序安放电源线及各附件的电缆。

第六节　口腔器械清洗、消毒与灭菌常用设备

一、全自动清洗消毒机

全自动清洗消毒机是消毒供应中心去污区重要的设备设施之一，主要通过旋转臂高速旋转多角度冲洗器械、器具和物品以及采用湿热消毒法达到清洗、消毒目的。全自动清洗消毒机按照舱体数量分为单舱和多舱，本节以单舱清洗消毒机（图2-6-1）为例进行介绍。

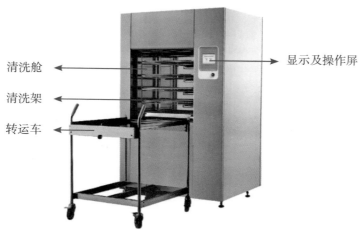

清洗舱　清洗架　转运车　显示及操作屏

图2-6-1　全自动清洗消毒机（单舱）

【功能】

全自动清洗消毒机适用于耐湿、耐热器械、器具和物品的清洗、润滑保养、消毒和干燥。

【操作流程】

全自动清洗消毒机操作流程如图2-6-2所示。

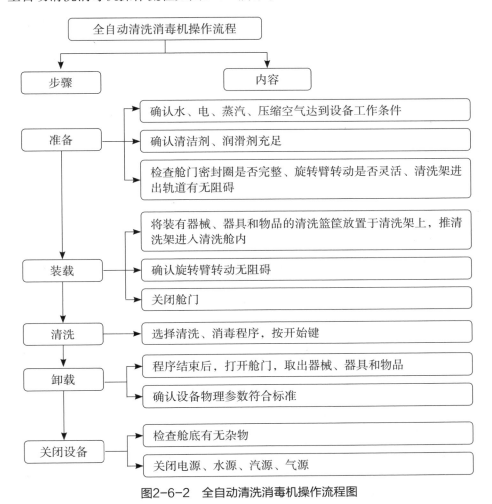

图2-6-2　全自动清洗消毒机操作流程图

【维护保养】

1. 每日清洁设备表面及内舱。

2. 每日清理舱内杂物，清洗排水过滤网。

3. 定期清洗清洗架和清洗舱内旋转臂。

4. 定期去除舱内水垢和锈迹。

5. 定期检查各管路连接有无松脱，有无漏水现象。

6. 定期检测、校准温度传感器。

7. 定期专业维护保养，检查和更换易损耗零部件。

【常见故障原因及处理】

全自动清洗消毒机常见故障原因及处理见表2-6-1。

表2-6-1　全自动清洗消毒机常见故障原因及处理

问题	原因		处理
按下开始键，设备不运转	操作面板故障		更换操作面板
进水慢	水压不足		检查水压不足的原因，并进行针对性处理，如恢复水源压力、完全打开水阀、处理管道漏水等
	进水管路堵塞		清理管道内杂质
清洗舱漏水	门密封圈不紧密		更换门密封圈
管路漏水	水管接口处松脱		拧紧水管接口处
	水管管路老化		更换老化水管管路

【特别提示】

1. 紧急情况发生时，立即按下停止键，终止运行的程序，设备运行过程中禁止开启舱门。

2. 器械、器具和物品的摆放不能阻碍旋转臂旋转。

3. 根据不同器械、器具和物品的特点，选用不同的清洗架。

4. 干燥结束后，舱体温度特别高，卸载器械、器具和物品时需注意防止烫伤。

5. 清洁设备时，勿使用钢丝球等硬质清洁用具，以免损伤设备。

二、脉动真空清洗消毒机

脉动真空清洗消毒机（图2-6-3）主要通过液相脉冲和气相脉冲冲洗器械、器具和物品以及采用湿热消毒法达到清洗、消毒的目的。

显示及操作屏

压力表

急停按钮

清洗舱

图2-6-3　脉动真空清洗消毒机

【功能】

脉动真空清洗消毒机可用于耐湿、耐热的器械、器具和物品的清洗、消毒和干燥，特别适合管腔类和异形复杂类器械的清洗。

【操作流程】

脉动真空清洗消毒机操作流程如图2-6-4所示。

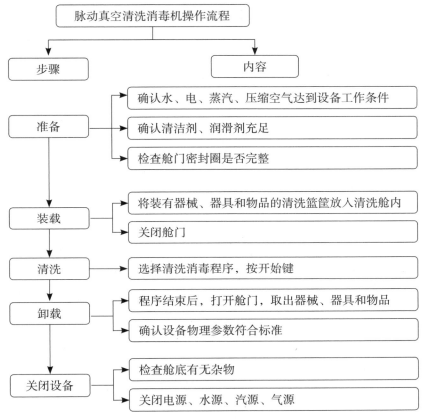

图2-6-4 脉动真空清洗消毒机操作流程图

【维护保养】

1. 每日清洁设备表面和内舱。

2. 每日清理过滤网。

3. 定期去除舱内水垢和锈迹。

4. 定期检查门开关有无松动、清洗舱底有无漏水等。

5. 定期专业维护保养，检查和更换易损耗零部件。

【常见故障原因及处理】

脉动真空清洗消毒机常见故障原因及处理见表2-6-2。

表2-6-2　脉动真空清洗消毒机常见故障原因及处理

问题	原因	处理
舱内进水慢	进水管路阻塞	清理进水管路杂质
	清洗舱漏水	维修清洗舱漏水问题
	水位检测开关损坏	更换水位检测开关
舱内升温慢	升温时间限制过短	重新设定升温时间限制
	蒸汽加热阀损坏	更换蒸汽加热阀
抽真空超时	清洗舱密封不严	清理密封条上杂质或更换密封条
	真空泵或抽空阀损坏	更换真空泵或抽空阀
启动程序后，设备处于急停状态	设备设定为急停状态	修改急停状态为非急停状态

【特别提示】

1．使用金属清洗篮筐装载器械、器具和物品，有利于保证干燥效果。

2．默认程序包含超声清洗环节，不宜采用超声清洗的器械、器具和物品需更换程序，如牙科手机、腔镜镜头等。

3．干燥结束后，舱体温度特别高，卸载器械、器具和物品时需注意防止烫伤。

三、超声清洗机

超声清洗机（图2-6-5）主要利用超声波在水中振荡产生"空化效应"达到清洗的目的。

图2-6-5　超声清洗机

【功能】

超声清洗机可用于耐湿、耐热的器械、器具和物品的清洗，特别适合深孔、盲孔、关节齿槽类器械的清洗。

【操作流程】

超声清洗机操作流程如图2-6-6所示。

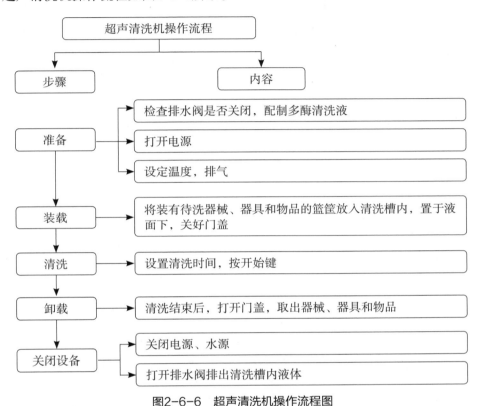

图2-6-6　超声清洗机操作流程图

【维护保养】

1. 每日清洁设备表面和内舱。
2. 每日清理过滤网。
3. 定期清除设备清洗槽内的水垢和锈迹。
4. 定期检查各管路连接有无松脱，有无漏水现象。
5. 定期专业维护保养，检查和更换易损耗零部件。

【常见故障原因及处理】

超声清洗机常见故障原因及处理见表2-6-3。

表2-6-3　超声清洗机常见故障原因及处理

问题	原因	处理
进水太慢	水源压力太低	检查并调整水源压力
	进水管路阻塞	清除进水管路杂质

续表2-6-3

问题	原因	处理
升温速度慢	加热元件损坏	更换加热元件
	温度传感器损坏	更换温度传感器
排水时间过长	排水管道阻塞	清除排水管道杂质
	排水阀损坏	更换排水阀

【特别提示】

1. 根据器械、器具和物品污染程度设置超声清洗时间，一般设置为5min，不宜超过10min。

2. 注水和排水时关闭电源。

3. 设备运行过程中不能打开门盖，以免发生危险。

四、蒸汽清洗机

蒸汽清洗机（图2-6-7）是利用高温高压的蒸汽对器械、器具和物品进行冲洗达到清洗的目的。

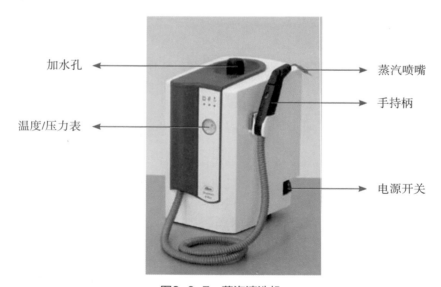

图2-6-7　蒸汽清洗机

【功能】

蒸汽清洗机可用于耐湿、耐热的器械、器具和物品的清洗，多用于管腔类器械、牙科扩锉针、带关节齿槽的器械及各种精密器械等的清洗。

【操作流程】

蒸汽清洗机操作流程如图2-6-8所示。

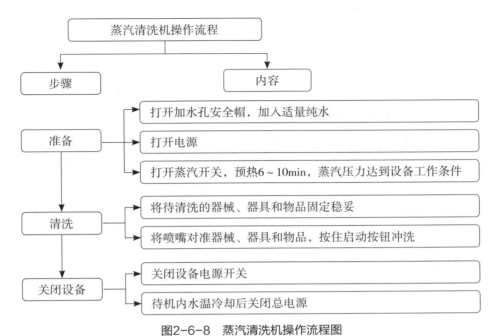

图2-6-8　蒸汽清洗机操作流程图

【维护保养】

1．每日清洁设备表面。

2．每日查看喷嘴处有无堵塞。

3．定期检查各管路连接有无松脱，有无漏水、漏电现象。

4．定期专业维护保养，检查和更换易损耗零部件。

【常见故障原因及处理】

蒸汽清洗机常见故障原因及处理见表2-6-4。

表2-6-4　蒸汽清洗机常见故障原因及处理

问题	原因	处理
设备温度不升、压力达不到	加热器故障	更换加热器
手持握把漏电	机器线路损坏	检查线路，更换损坏线路
喷嘴不喷水	入口、入口过滤器、喷嘴堵塞	疏通堵塞处

【特别提示】

1．设备运行过程中不能用双手触碰喷嘴，以防烫伤。

2．严格执行说明书上的开关程序，关闭时先关闭蒸汽清洗机电源，待机内水温冷却后关闭总电源。

五、多功能清洗消毒工作站

多功能清洗消毒工作站（图2-6-9）是手工清洗的重要设备设施，主要结构是冲洗区、洗涤槽和漂洗槽，根据需要可配置超声槽、煮沸消毒槽和干燥台。

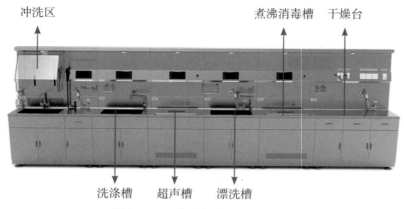

图2-6-9　多功能清洗消毒工作站

【功能】

多功能清洗消毒工作站可用于器械、器具和物品的手工清洗。

【操作流程】

多功能清洗消毒工作站操作流程如图2-6-10所示。

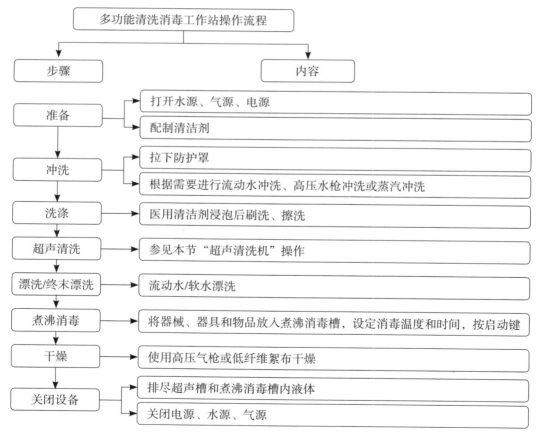

图2-6-10　多功能清洗消毒工作站操作流程图

【维护保养】

1. 每日清洗设备表面及水槽。
2. 定期检查各管路连接有无松脱,有无漏水现象。
3. 定期专业维护保养,检查和更换易损耗零部件。

【常见故障原因及处理】

多功能清洗消毒工作站常见故障原因及处理见表2-6-5。

表2-6-5 多功能清洗消毒工作站常见故障原因及处理

问题	原因	处理
煮沸消毒槽无法加热	加热器故障	更换加热器
高压气枪气压不足	供气不足或管道阻塞	恢复供气气源压力或疏通阻塞管道
高压水枪不喷水	水枪喷嘴堵塞	疏通堵塞的喷嘴

【特别提示】

1. 手工清洗时水温宜为15~30℃。
2. 手工清洗按照冲洗、洗涤、漂洗、终末漂洗的步骤进行。
3. 刷洗操作应在水面下进行,防止产生气溶胶。
4. 煮沸消毒的器械、器具和物品应全部置于液面下。

六、干燥柜

干燥柜(图2-6-11)主要通过加热空气使之在舱内对流而达到干燥器械、器具和物品的目的。

状态指示灯 ← → 显示屏及操作键

干燥台 ←

→ 载物架

图2-6-11 干燥柜

【功能】

干燥柜可用于进一步对清洗、消毒后的器械、器具和物品表面残留的水分进行干燥处理。

【操作流程】

干燥柜操作流程如图2-6-12所示。

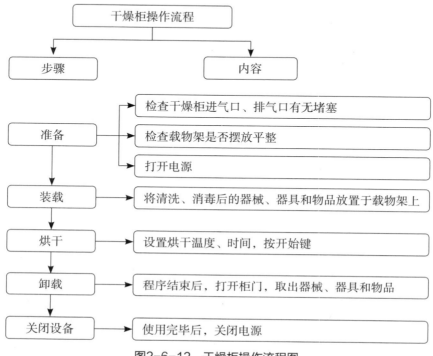

图2-6-12 干燥柜操作流程图

【维护保养】

1. 每日清洁设备表面和内腔。
2. 定期去除干燥柜内的锈迹和水垢。
3. 定期检查干燥柜的门密封圈有无破损。
4. 定期专业维护保养，检查和更换易损耗零部件。

【常见故障原因及处理】

干燥柜常见故障原因及处理见表2-6-6。

表2-6-6 干燥柜常见故障原因及处理

问题	原因	处理
干燥程序故障	加热器故障	更换加热器
干燥温差过大	柜内空气流通受阻	器械、器具和物品摆放要离壁有一定距离，确保器械、器具和物品周围空气流通

【特别提示】

1. 根据器械、器具和物品的材质选择适宜的干燥温度，金属类干燥温度为70 ~ 90℃，塑胶类干燥温度为65 ~ 75℃。

2. 在使用干燥柜时，不能放入过多器械、器具和物品，要留出足够的空气对流空间，加快器械、器具和物品的干燥速度。

3. 盛放器械、器具和物品不宜采用密闭式容器，以免影响通风循环，影响干燥质量。

4. 在取出干燥柜内的器械、器具和物品时，要戴防烫手套，以免烫伤。

七、带光源放大镜

带光源放大镜（图2-6-13）利用放大镜的特性，通过定向、稳定的光源查看需要检查的器械、器具和物品的清洁状况和功能状况。

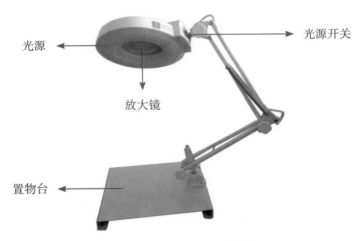

光源开关

光源

放大镜

置物台

图2-6-13　带光源放大镜

【功能】
带光源放大镜可用于检查清洗消毒后器械、器具和物品的清洗质量和完整度。

【操作流程】
带光源放大镜操作流程如图2-6-14所示。

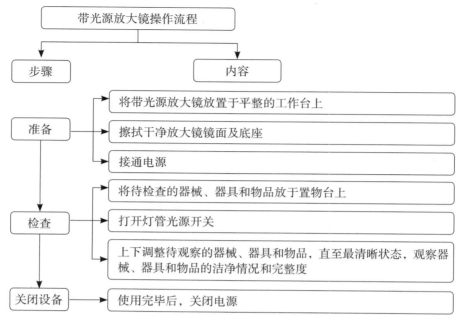

图2-6-14　带光源放大镜操作流程图

【维护保养】

1．每日用干棉布擦拭放大镜表面及镜片。

2．定期检查放大镜灯光亮度。

3．定期检查各线路连接有无松脱。

【常见故障原因及处理】

带光源放大镜常见故障原因及处理见表2-6-7。

表2-6-7　带光源放大镜常见故障原因及处理

问题	原因	处理
按下开关后灯不亮	插座或灯管损坏	更换插座或灯管
不能上下调整放大镜的高度	固定螺母过紧	拧松固定螺母

【特别提示】

1．不要将带光源放大镜直接暴露在阳光下。

2．轻拿轻放。

3．禁止用腐蚀性清洁剂或硬物清洁放大镜，防止划伤。

八、牙科手机注油机

牙科手机注油机（图2-6-15）将清洗润滑油雾化后，在高压作用下强力喷射流经牙科手机内部，对其进行清洗和润滑。

图2-6-15　牙科手机注油机

【功能】

牙科手机注油机可用于牙科手机内部管路的清洗和注油润滑。

【操作流程】

牙科手机注油机操作流程如图2-6-16所示。

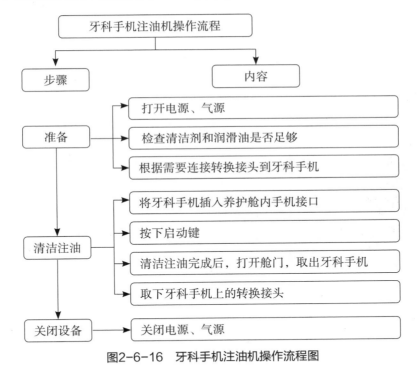

图2-6-16　牙科手机注油机操作流程图

【维护保养】

1. 每日清洁设备表面及注油舱内污渍。

2. 定期检查电源、气源管路有无破损，连接有无松脱。

3. 定期专业维护保养，检查和更换易损耗零部件。

【常见故障原因及处理】

牙科手机注油机常见故障原因及处理见表2-6-8。

表2-6-8　牙科手机注油机常见故障原因及处理

问题	原因	处理
开机时报警	机器内部风扇故障	更换风扇
注油机没有气压	气源压力不足	恢复气源压力
	管道阻塞或漏气	疏通阻塞管道或处理漏气管道
注油机不出油	机器内清洁剂和润滑油过少	根据液位指示管添加清洁剂和润滑油

【特别提示】
1. 设备运行过程中不要打开注油舱盖。
2. 牙科手机插入或拔出注油接口时，不要左右旋转。
3. 禁止在有爆炸危险的空间及靠近火源的地方安装、使用和给设备加注润滑油。
4. 禁止在阳光直射及温度超过40℃的环境下安装及使用该设备。

九、医用封口机

医用封口机（图2-6-17）利用包装袋塑料面两层复合材料之间的熔点不同，通过加热将内层塑料面融化，加压粘结外层塑料面和纸面，达到封口的目的。

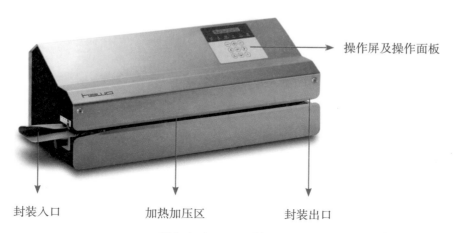

操作屏及操作面板

封装入口　　　加热加压区　　　封装出口

图2-6-17　医用封口机

【功能】
医用封口机可用于纸塑袋、纸袋等包装材料的封口处理。
【操作流程】
医用封口机操作流程如图2-6-18所示。

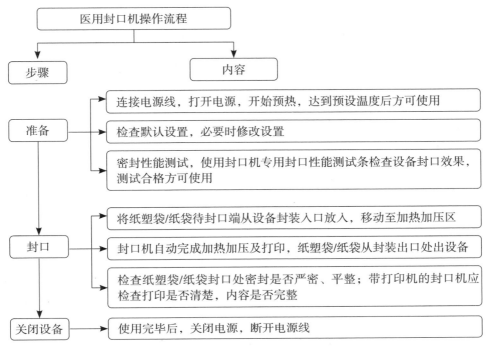

图2-6-18 医用封口机操作流程图

【维护保养】

1. 每日用干燥或微湿的软棉布擦拭封口机表面的灰尘和污渍。
2. 每日清洁散热风扇的滤网。
3. 定期专业维护保养,检查和更换易损耗零部件。

【常见故障原因及处理】

医用封口机常见故障原因及处理见表2-6-9。

表2-6-9 医用封口机常见故障原因及处理

问题	原因	处理
设备不能启动且显示屏无显示	电源线松脱或接触不良	检查电源线连接是否正常
	零部件故障:电源线、电源保险丝、显示屏、主板	更换故障零部件,如保险丝再次熔断,则必须对机器进行专业测试和检查
设备不加热	设定温度过低	提高预定温度
	零部件故障:温度限制器、温度传感器、加热元件、主板	1. 重启温度限制器,如温度再次降低,则必须对机器进行专业测试和检查。 2. 更换故障零部件:温度传感器、加热元件、主板
不能传送包装袋	零部件故障:传送带、前盖板传感器、电机传感器、电机、主板	更换故障零部件

续表2-6-9

问题	原因	处理
走纸不均匀，或运行噪声较大	传送带松紧度不合适	检查并调整传送带松紧度
	零部件故障：传送带、传送带导轨、电机	更换故障零部件
包装袋封口处密封不牢	封口温度过低	提高封口温度
	封口压力过低	重新调整封口压辊的压力或更换
	封口模块加热间隙过大	将封口模块的加热间隙调整到0.5mm
封口处封纹扭曲	封口压力过大	调整封口压力
包装纸面变色、塑面收缩褶皱	封口温度过高	降低封口温度
打印故障	打印程序错误	重新设置打印程序
	色带安装不正确或用尽	正确安装色带或更换色带
	零部件故障：打印头、主板、纸面压力滚轮	更换故障零部件

【特别提示】
1. 将设备放置于平稳的桌面上，环境通风良好、干燥。
2. 清洁设备前应断开电源，勿让水或其他清洁剂进入设备。

十、压力蒸汽灭菌器

压力蒸汽灭菌器（图2-6-19）是消毒供应中心必须配置的设备设施之一，耐湿、耐热的器械、器具和物品应首选压力蒸汽灭菌。

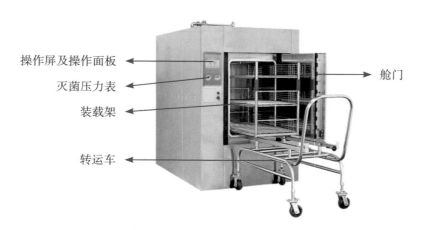

操作屏及操作面板

灭菌压力表

装载架

转运车

舱门

图2-6-19　压力蒸汽灭菌器

【功能】
压力蒸汽灭菌器可用于耐湿、耐热的器械、器具和物品的灭菌。
【操作流程】
压力蒸汽灭菌器操作流程如图2-6-20所示。

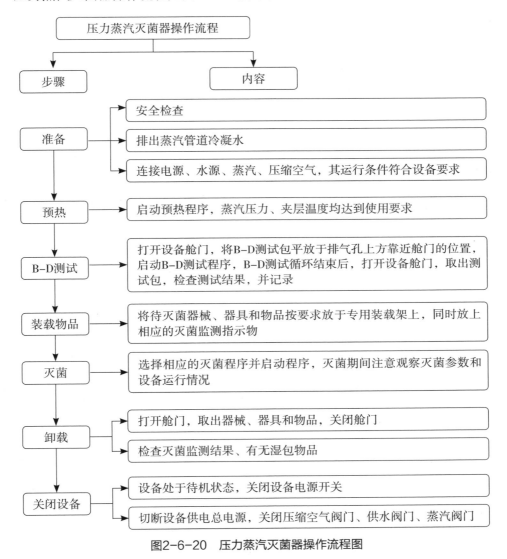

图2-6-20 压力蒸汽灭菌器操作流程图

【维护保养】
1. 每日擦拭清洁设备外壁。
2. 每日检查舱门密封圈表面有无杂质,若有,应及时清理。
3. 每月清洗内腔排水过滤网,内腔除垢和清洁。
4. 定期专业维护保养,检查和更换易损耗零部件。
【常见故障原因及处理】
压力蒸汽灭菌器常见故障原因及处理见表2-6-10。

表2-6-10　压力蒸汽灭菌器常见故障原因及处理

问题	原因	处理
舱门打开或关闭超时	门移动路径上有异物卡住	清除异物
	门密封圈未复位	复位门密封圈
舱门密封圈密封不严	密封圈破损，有杂质或不润滑	清洁舱门封槽内杂质，必要时应上油或更换门密封圈
	压缩空气供应故障	打开压缩空气阀门
进蒸汽时间过长	蒸汽阀门未打开	打开蒸汽阀门
	蒸汽供应不足	检查蒸汽压力并保证在要求范围内
	管路泄漏	进行泄漏测试
抽真空时间过长	停水	检查水表压力并恢复供水
	内腔过滤网堵塞	清洁内腔过滤网
	真空泵故障	专业维修或更换真空泵
进空气时间过长	空气滤芯堵塞	专业维修，测试空气滤芯、进气电磁阀或气动阀功能，必要时更换故障零部件
	进气电磁阀或气动阀功能障碍	
温度低于/高于灭菌温度	蒸汽供应故障，压力不稳定或过高、蒸汽含水量过高	检查蒸汽供应，保证压力、蒸汽含水量符合要求
	温度传感器故障	校准或更换温度传感器
排水温度过高	冷却水停水	恢复冷却水正常供应
	冷却水电磁阀故障	更换冷却水电磁阀
	中和水温度传感器故障	校准或更换中和水温度传感器
紧急情况停机	误按急停按钮	复位急停按钮，重新启动灭菌器
B-D测试卡变色不均	管路有泄漏现象	运行测漏程序，泄漏率超标说明管路确有泄漏，查找原因并处理
	蒸汽含水量过高	降低蒸汽含水量
	真空泵故障	专业维修或更换真空泵
	B-D测试包故障	更换B-D测试包

【特别提示】

1. 液体不应使用预真空压力蒸汽灭菌器进行灭菌，管腔类器械不应使用下排式压力蒸汽灭菌器进行灭菌。

2. 安全检查，包括灭菌器压力表处在"零"的位置；记录装置处于正常工作状态；舱门密封圈平整完好，安全锁扣灵活、安全有效；冷凝水排出口通畅；柜内壁清洁。

3．预真空压力蒸汽灭菌器应每日开始灭菌前空载进行B-D测试，测试合格方可使用。

4．按照规范要求进行物理监测、化学监测和生物监测，确保设备性能良好。

5．根据特种设备管理要求定期检测，留存检测记录。

十一、环氧乙烷低温灭菌器

环氧乙烷低温灭菌器（图2-6-21）主要利用环氧乙烷与微生物中的蛋白质和遗传物质发生非特异性烷基化作用，导致蛋白质和遗传物质发生变性，最终使微生物新陈代谢受阻而死亡。

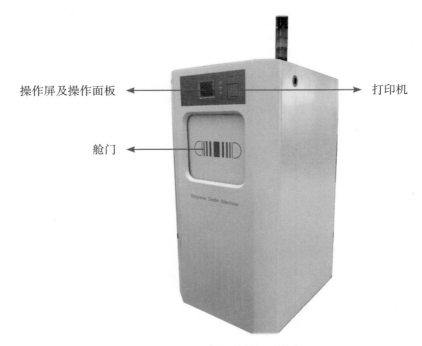

操作屏及操作面板

打印机

舱门

图2-6-21　环氧乙烷低温灭菌器

【功能】
环氧乙烷低温灭菌器用于不耐湿、不耐热的器械、器具和物品的灭菌。
【操作流程】
环氧乙烷低温灭菌器操作流程如图2-6-22所示。

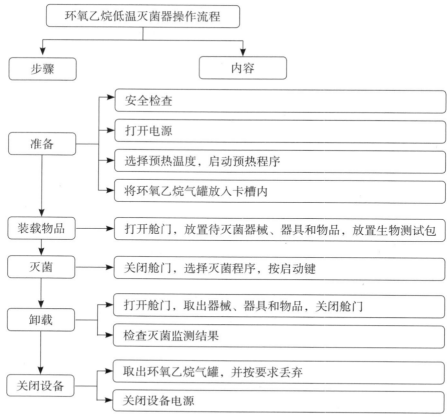

图2-6-22 环氧乙烷低温灭菌器操作流程图

【维护保养】

1．每日使用清洁干布清洁擦拭设备表面及内腔，根据提示加蒸馏水和排水。

2．定期专业维护保养，检查和更换易损耗零部件，包括检查和校准仪表、检查各个管路密封性、更换磨损零部件等。

【常见故障原因及处理】

环氧乙烷低温灭菌器常见故障原因及处理见表2-6-11。

表2-6-11 环氧乙烷低温灭菌器常见故障原因及处理

问题	原因	处理
电源中断	电源线连接松脱	接通电源
	保险管故障	更换故障零部件
	灭菌器电源故障	
舱门打不开	本地大气压设置错误	正确设置本地大气压
	压缩空气中断	接通压缩空气
	电磁阀故障	更换电磁阀
待机状态下无水	水箱内蒸馏水不足	加蒸馏水
	传感器松动或故障	重新连接传感器或更换故障传感器

续表2-6-11

问题	原因	处理
无压缩空气	空气压缩机故障	维修空气压缩机
	供气管道堵塞	清理供气管道内杂质
	空气过滤器堵塞或故障	清洁空气过滤器或更换故障空气过滤器
穿刺顶针失效	气瓶穿刺装置故障	更换气瓶穿刺装置
舱内温度过高/过低	预热温度过高/过低	确认报警信息后设备自动降温/升温。温度过高也可打开舱门自然冷却到预定温度
	温度传感器故障	更换故障零部件
	温度加热装置故障	

【特别提示】
1. 环氧乙烷低温灭菌器及环氧乙烷气罐应该远离火源并防止静电。
2. 环氧乙烷气罐应严格按照国家有关易燃易爆物品要求存放。
3. 定期对灭菌环境中环氧乙烷残留浓度进行检测。
4. 按规范要求进行物理监测、化学监测和生物监测。
5. 操作人员做好职业防护，发生职业暴露时立即采取相应的应急处理措施。

十二、过氧化氢低温等离子灭菌器

过氧化氢具有强氧化性，过氧化氢低温等离子灭菌器（图2-6-23）在低温环境下通过过氧化氢气体及过氧化氢等离子体对器械、器具和物品进行灭菌。

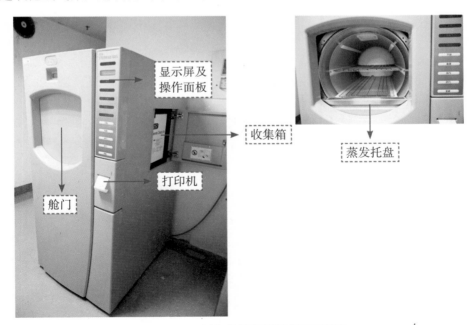

图2-6-23　过氧化氢低温等离子灭菌器

【功能】

过氧化氢低温等离子灭菌器可用于不耐热、不耐湿的器械、器具和物品的灭菌。

【操作流程】

过氧化氢低温等离子灭菌器操作流程如图2-6-24所示。

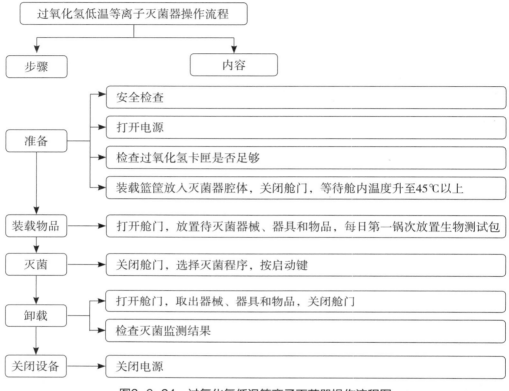

图2-6-24　过氧化氢低温等离子灭菌器操作流程图

【维护保养】

1. 每日使用清水、中性清洁剂对设备外表进行清洁擦拭。不能使用75%乙醇或其他高强度消毒剂进行灭菌设备的清洁，不能使用研磨剂或粗糙的清洁工具。

2. 设备未用时舱门保持关闭状态，如有需要可使用清水或中性清洁剂擦拭内腔。

3. 蒸发托盘需每周定时清洁，戴手套取出托盘后用流动清水清洗，擦干，再重新安装好。

4. 设备提示更换卡匣收集箱时，戴手套更换卡匣收集箱，保证新的卡匣收集箱放置正确（警示标识面朝外）。

5. 定期专业维护保养，检查和更换易损耗零部件。

【常见故障原因及处理】

过氧化氢低温等离子灭菌器常见故障原因及处理见表2-6-12。

表2-6-12 过氧化氢低温等离子灭菌器常见故障原因及处理

问题	原因	处理
无法开/关门	电源故障	1. 检查电源保护终端是否跳闸，若跳闸，将其复位。 2. 主控复位
真空期灭菌循环中断	装载物潮湿	取出潮湿包，加强干燥
	装载物过多	减少装载物数量
	没有射频输出	若是电源保护终端按钮跳闸，则将其复位；若是装载物碰触前门或后舱壁，则调整其位置
注射期灭菌循环中断	装载物中含有布、纸等吸附性材质	取出不兼容装载物
	装载物过多	减少装载物数量
	喷注孔堵塞	清洁喷注孔
	注射针堵塞、断裂或卡匣错位	清空卡匣，进行主控复位，重新放置卡匣
等离子期灭菌循环中断	灭菌舱和网状电极之间有异物	去除异物
	装载物碰壁或搁架安装错误	调整装载物和搁架放置位置
通风期灭菌循环中断	打印纸卡纸	调整打印纸
	电源不稳定或跳闸	检查电源并恢复供电

【特别提示】

1. 过氧化氢低温等离子灭菌不适用于棉布、海绵、纸、油类、粉剂等物品。

2. 待灭菌器械、器具和物品必须充分干燥。

3. 待灭菌器械、器具和物品不得接触内壁，距舱体顶端不小于8cm；不能堆积或叠加放置；纸塑袋面朝同一方向。

4. 按照规范要求进行物理监测、化学监测和生物监测，确保设备性能良好。

5. 过氧化氢具有较大刺激性，操作时要注意职业防护。

十三、生物监测阅读器

生物监测阅读器（图2-6-25）通过检测生物指示剂中是否有嗜热脂肪杆菌芽孢生长、繁殖过程产生的荧光反应，判断是否达到灭菌效果。

图2-6-25　生物监测阅读器

【功能】

生物监测阅读器可通过培养生物指示剂并读取结果，检测灭菌效果是否合格。

【操作流程】

生物监测阅读器操作流程如图2-6-26所示。

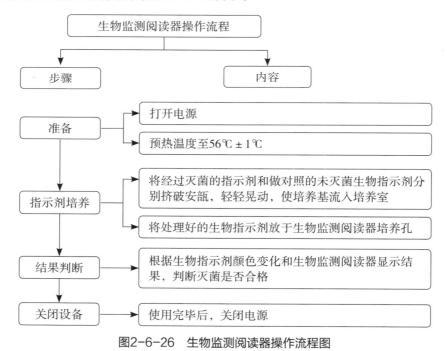

图2-6-26　生物监测阅读器操作流程图

【维护保养】

1. 每日用棉布擦拭设备表面，将纯水湿润再拧干不滴水的小棉签放入培养孔，轻轻转动清洁培养孔。

2. 定期专业维护保养，检查和更换易损耗零部件。

【常见故障原因及处理】

生物监测阅读器常见故障原因及处理见表2-6-13。

表2-6-13 生物监测阅读器常见故障原因及处理

问题	原因	处理
预热警告	生物监测阅读器没有达到培养温度	将生物监测阅读器插上电源后预热30min
培养期间设备报警	培养时间未结束时取出生物指示剂	在10s内，重新放入生物指示剂至原培养孔
结果未判读显现	环境光照错误	将生物监测阅读器远离阳光直射或热光源

【特别提示】

1. 生物监测阅读器放置于远离阳光直射或热光源的地方。

2. 生物指示剂放入一个培养孔后不能移动或者变换地方，否则会导致结果丢失或者测试失败。

第七节 医学影像常用设备

一、数字化牙科X射线机

数字化牙科X射线机是口腔颌面部X射线检查设备中最常使用的X射线机，容量小，结构简单，操作灵活。数字化牙科X射线机有三种形式：可移动式、壁挂式（图2-7-1）和在综合诊疗台上的镶带式。本节以壁挂式为例进行介绍。

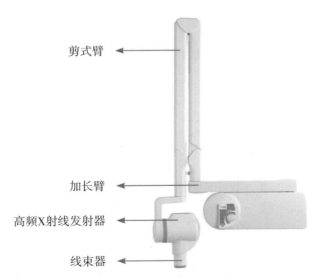

剪式臂

加长臂

高频X射线发射器

线束器

图2-7-1 数字化牙科X射线机（不含计算机设备）（壁挂式）

【功能】

数字化牙科X射线机适用于拍摄数字化根尖片、咬翼片。

【操作流程】

数字化牙科X射线机操作流程如图2-7-2所示。

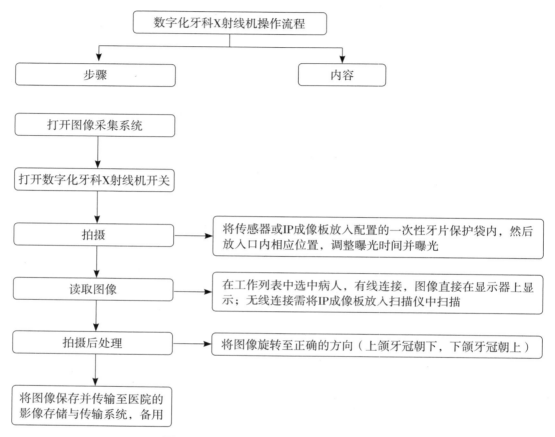

图2-7-2　数字化牙科X射线机操作流程图

【维护保养】

1. 牙片保护袋为一次性塑料袋，一人一换。为每位病人拍摄牙片前，都要用新的牙片保护袋套在传感器或IP成像板上，以防医源性感染。

2. 操作时应轻柔，避免连接线或IP成像板断裂或损坏。

3. 病人图像资料应及时存盘，以防停电或其他原因造成影像资料遗失。

4. 数字化牙科X射线机的消毒处理顺序依次为活动臂→X射线机头→操作面板→手控开关→影像成像板扫描仪，由左至右、由上至下进行擦拭消毒，牙椅使用75%乙醇喷雾或使用消毒湿巾由上至下进行消毒。

5. 保持数字化牙科X射线机清洁和干燥，定期检查。

6. 出现故障时，应及时停机检查或请专业人员维修。

【常见故障原因及处理】

数字化牙科X射线机常见故障原因及处理见表2-7-1。

表2-7-1　数字化牙科X射线机常见故障原因及处理

问题	原因	处理
拍摄时保险丝熔断	电路短路	检查各接线端及机头与柱体的旋转部分有无短路
	自耦变压器故障	检查自耦变压器输入及输出线
	机头故障	检修机头
毫安表无指示，无X射线产生	接插元件接触不良	检查按钮、限时器、接插元件，保护元件
	高压初级电路故障	测量高压初级输出值有无异常
	高压发生器及X射线管故障	检修机头，更换X射线管
拍摄时，胶片有时不感光	接触器故障，或接点有污物，或簧片变形	清除接点污物，调整接点距离，更换簧片
	可控硅及控制部分故障	检修可控硅及控制部分
曝光时，机头内有异常响声	机头漏油，有气泡产生	加油后排气，密封漏油部位
	机头内有异物	清除机头内异物
	冷却油被污染	更换冷却油
	高压变压器故障	检修或更换高压变压器

【特别提示】

1. 使用时，应注意加长臂的位置，避免碰撞墙壁，损伤机器。

2. 曝光时，应待曝光提示音结束后再松开曝光按钮，避免因曝光时间不足而影响图像质量。

3. 建立使用登记本，每日均有使用登记，专人保管，定期对数字化牙科X射线机进行检修。

二、口腔数字化曲面体层X射线机

口腔数字化曲面体层X射线机（图2-7-3）可以通过一次成像，在一张胶片上摄有全部牙及周围组织总影像。其操作简便、检查范围广和放射剂量低，被广泛用于临床。

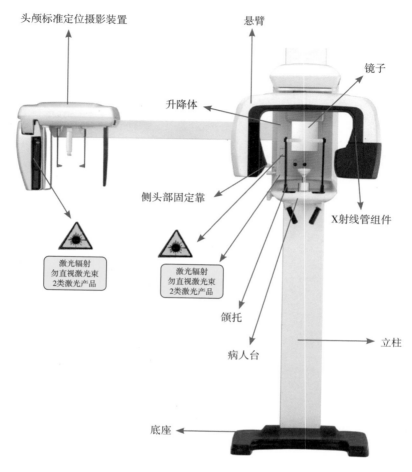

头颅标准定位摄影装置

悬臂

镜子

升降体

侧头部固定靠

X射线管组件

激光辐射
勿直视激光束
2类激光产品

激光辐射
勿直视激光束
2类激光产品

颌托

立柱

病人台

底座

图2-7-3　口腔数字化曲面体层X射线机（不含计算机设备）

【功能】

口腔数字化曲面体层X射线机可用于拍摄曲面体层片、头影测量侧位片、头影测量正位片。

【操作流程】

口腔数字化曲面体层X射线机操作流程如图2-7-4所示。

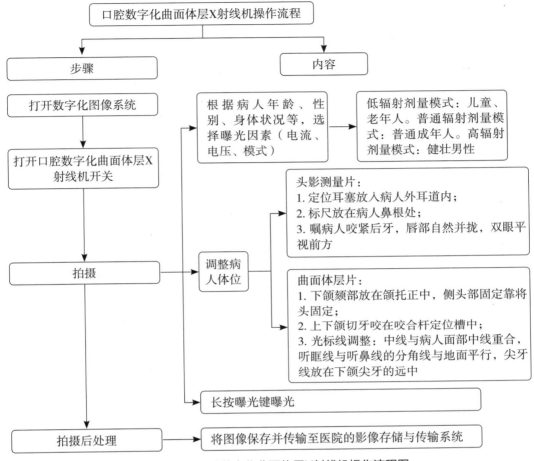

图2-7-4 口腔数字化曲面体层X射线机操作流程图

【维护保养】

1. 保持设备的清洁和干燥。

2. 定期检查设备的各个部件。

3. 如发生故障，应及时请维修人员进行维修。

4. 应按照操作规程进行操作。

5. 图像资料及时存盘，防止因停电或其他原因导致资料遗失。

6. 消毒处理：耳塞→升降体→悬臂→操作面板→侧头部固定靠→颌托→把手→立柱，由左至右、由上至下进行擦拭消毒。

【常见故障原因及处理】

口腔数字化曲面体层X射线机常见故障原因及处理见表2-7-2。

表2-7-2　口腔数字化曲面体层X射线机常见故障原因及处理

问题	原因	处理
X射线片的对比度差，曝光不足或过度曝光	电源电压不稳、X射线管输出X射线量不稳定（管电压或管电流不稳）	用稳压器稳定电压，检查X射线管的变压器
X射线片上的放大率不稳，牙齿排列时宽时窄，且有条索出现	电源电压不稳、机械传动装置不良	用稳压器稳定电压，检修电动机、转动滑轮及连接杆等
油泵升降系统失灵或不稳	油泵故障、油质不良、管道破裂或不畅通、阀门调节不良、电路系统故障	检修电动机，检查供电电压，更换冷却油，检修管道，调整阀门流量，检修电路系统
毫安表无指示，无X射线产生	控制电路故障、高压接触器故障、灯丝电路故障、高压变压器及X射线管故障	检修电路系统，检修或更换高压接触器，检查灯丝电路，检查高压初级电路输出值、检修X射线管
X射线片拍摄不完全或拍摄突然中止	电路控制系统故障、曝光按钮故障、X射线管过热	检修电路控制系统，更换曝光按钮，关闭设备，等待X射线管温度下降
曝光时，X射线管内有异常响声	线管漏油，有气泡产生或线管油路内有异物	排气加油，密封漏油部位，清除异物

【特别提示】

1．准备拍摄时，应先调节机器高度，再让病人站在指定位置；拍摄结束，应等待机器停止旋转，松解病人侧头部固定靠，再让病人离开，避免病人与机器发生碰撞。

2．若病人身高不足，需使用椅子等增高设施时，应嘱病人站立稳定，或由家属陪同，避免摔伤等情况的发生。

3．建立使用登记本，每日均有使用登记，专人保管，定期对口腔数字化曲面体层X射线机进行检查维修。

三、口腔颌面锥形束CT

口腔颌面锥形束CT（图2-7-5）因其所应用的X射线束呈锥形而得名，具有辐射剂量低、空间分辨率高、可以提供良好的硬组织结构三维图像等优点。

【功能】

口腔颌面锥形束CT常用于牙体牙髓疾病、牙周疾病、种植手术、颞下颌关节疾病、正畸术前、颌骨内肿瘤的检查。

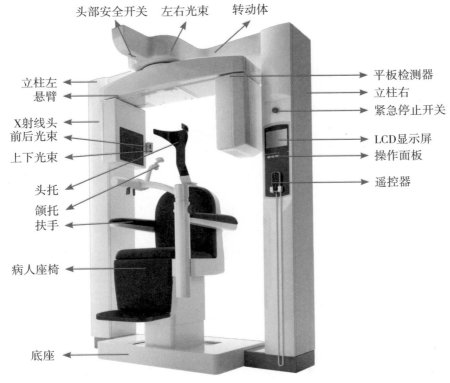

图2-7-5 口腔颌面锥形束CT（不含计算机设备）

【操作流程】

口腔颌面锥形束CT操作流程如图2-7-6所示。

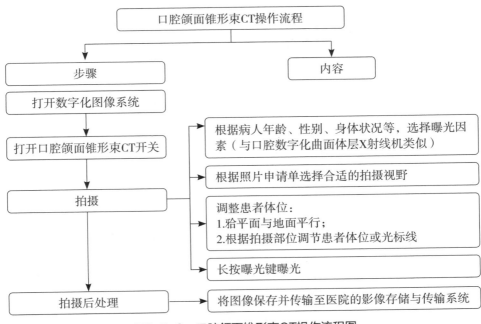

图2-7-6 口腔颌面锥形束CT操作流程图

【维护保养】

1．保持设备的清洁和干燥。

2．定期检查设备各部件。

3．定期进行校准，影像增强器为每月一次，平板检测器为每年一次。

4．严格按操作规程操作，避免违章操作，以防机器损坏。

5．影像资料定期备份，防止电脑系统问题导致数据丢失。

6．如发生故障，应及时请专业维修人员修理。

7．消毒处理：悬臂→平板检测器→球管→头托→颌托→扶手→病人座椅→底座→操作面板→遥控器→手控开关。由左至右、由上至下进行擦拭消毒。

【常见故障原因及处理】

与口腔数字化曲面体层X射线机基本相同。

【特别提示】

1．拍摄准备时，应根据病人身高及身体状况调节设备高度。对于老年病人或下肢有残疾的病人，应先将设备高度降低，再让病人坐在正确的位置。拍摄结束，先将设备调低，方便病人安全上下。

2．拍摄准备或结束时，应待设备停止旋转后，再让病人靠近或离开设备，避免病人与设备发生碰撞。

3．病人坐在正确的位置之后，嘱病人不要随意触摸设备或者做大幅度动作，避免碰到头部安全开关等，导致设备停止工作。

4．建立使用登记本，每日均有使用登记，专人保管，定期对口腔颌面锥形束CT进行检查维修。

参考文献

［1］赵铱民.口腔修复学［M］.7版.北京：人民卫生出版社，2012.

［2］中华人民共和国国家卫生和计划生育委员会.口腔器械消毒灭菌技术操作规范：WS 506—2016［S］.2016.

［3］宫苹.口腔种植学［M］.北京：人民卫生出版社，2020.

［4］Linda R. Bartolomucci Boyd.口腔器械图谱［M］.5版.葛成，张鹏，舒瑶，主译.郑州：河南科学技术出版社，2019.

［5］赵佛容.口腔护理学［M］.3版.上海：复旦大学出版社，2017.

［6］赵志河.口腔正畸学［M］.7版.北京：人民卫生出版社，2020.

［7］胡静，王大章.颌面骨骼整形手术图谱［M］.北京：人民卫生出版社，2013.

［8］李伟松.齿科设备及器械标准解读［M］.广州：暨南大学出版社，2018.

［9］徐庆鸿，叶宏.口腔设备仪器使用与维护［M］.北京：人民卫生出版社，2020.

［10］刘福祥.口腔设备学［M］.4版.成都：四川大学出版社，2018.

［11］赵一姣，熊玉雪，杨慧芳，等.2种三维颜面部扫描仪测量精度的定量评价［J］.实用口腔医学杂志，2016，32（1）：37-42.

［12］杨明，周丽娟.临床仪器设备操作使用手册［M］.北京：人民军医出版社，2014.